ZHICHI XIANGLIANG FENLEIJI
JIQI YINGYONG

支持向量分类机及其应用

阎满富 ◎ 著

知识产权出版社
全国百佳图书出版单位
—北京—

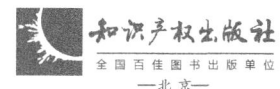

图书在版编目（CIP）数据

支持向量分类机及其应用 / 阎满富著 . — 北京：知识产权出版社，2021.3
ISBN 978-7-5130-7434-6

Ⅰ . ①支…　Ⅱ . ①阎…　Ⅲ . ①向量计算机—研究　Ⅳ . ① TP38

中国版本图书馆 CIP 数据核字（2021）第 030708 号

内容提要

本书以分类问题（模式识别、判别分析）为背景，介绍求解分类问题的支持向量机的基本理论、方法和应用，重点内容是支持向量机的理论基础和模型、分类问题的支持向量回归机求解途径、中心支持向量分类机、推理型支持向量分类机及支持向量分类机的应用。

本书可作为理工类、管理类等专业的高年级本科生、研究生的教材和教师的教学参考书，也可供有关领域的科技人员阅读参考。

责任编辑：徐　凡　　　　**责任印制：**孙婷婷

支持向量分类机及其应用

阎满富　著

出版发行：知识产权出版社有限责任公司　**网　　址：**http：//www.ipph.cn
电　　话：010-82004826　　http：//www.laichushu.com
社　　址：北京市海淀区气象路 50 号院　**邮　　编：**100081
责编电话：010-82000860 转 8073　**责编邮箱：**laichushu@cnipr.com
发行电话：010-82000860 转 8101　**发行传真：**010-82000893
印　　刷：北京中献拓方科技发展有限公司　**经　　销：**各大网上书店、新华书店及相关专业书店
开　　本：720mm × 1000mm　1/16　**印　　张：**11.5
版　　次：2021 年 3 月第 1 版　**印　　次：**2021 年 3 月第 1 次印刷
字　　数：176 千字　**定　　价：**62.00 元

ISBN 978-7-5130-7434-6

前　言

支持向量机（Support Vector Machine，SVM）是基于统计学习理论、借助最优化方法来解决机器学习问题的新工具。它由科尔特斯（Cortes）和瓦普尼克（Vapnik）于 1995 年首先提出，并已成为近年来机器学习研究的一项重大成果。目前对支持向量机的研究主要集中在对其本身性质的研究和完善及加大应用研究的深度和广度两个方面。本书以解决分类问题为目标，从理论和模型的完善及应用两个方面，对支持向量分类机（Support Vector Classifier Machine，SVC）进行了较深入的研究和探讨，以做到理论和实践的结合。

以下是本书讨论的主要问题。

（1）在深入研究现有支持向量分类机和支持向量回归机（Support Vector Regression Machine，SVR）的基础上，把分类问题看作特殊的回归问题来处理，通过引入不同的范数及不同的损失函数，构建求解分类问题的支持向量回归机新模型，并对引入高斯损失函数得到的新模型给出求解的简便方法——简化的序列最小最优化算法。另外，针对多类分类问题提出了新的多类分类模型，数值试验表明该模型的鲁棒性和有效性，从而给出求解分类问题的支持向量机的新思路和新途径。

（2）冯（Fung）和曼格萨（Mangasarian）从直观上提出了中心支持向量分类机。本书通过理论推导和分析构造出中心支持向量分类机的原始优化问题，从不同的途径给出了中心支持向量分类机。在此基础上，首次给出了稀疏的中心支持向量分类机和加权的中心支持向量分类机。对含有不确定信息的分类问题，通过引入概率变量，构建了不确定中心支持向量分类机，从而实现对中心支持向量分类机理论的推广完善和创新。

（3）瓦普尼克提出了推理型支持向量分类机，其优化问题的求解比较困难。本书将其原始最优化问题变为无约束问题，并对其进行光滑化，从而构建了改进的推理型支持向量机和加权的推理型支持向量机，并成功地将新模型应用到网络入侵检测中，给出了网络入侵检测的新方法，使推理型支持向量机的理论和应用研究有了新的突破。

（4）首次将支持向量分类机应用到海水工厂化养殖中的环境监测问题。对河北省唐山市、秦皇岛市沿海的养殖工厂随机采集鱼类生长环境数据，进行检测和监控实验，取得了较好的应用效果，在切实解决实际问题的同时，进一步拓宽了支持向量机的应用领域。例如，本书给出支持向量分类机在棚栽植物生长环境监测中的应用，在地源热泵系统混合防冻剂、制冷剂配比中的应用，在义务教育学校均衡发展评价中的应用，在教师教育师资队伍量化评价中的应用，以及在商务决策管理的量化评价与调整中的应用等。

本书构建的各种新的支持向量分类机，较一般支持向量分类机有明显的优势和良好性能，主要体现在有的模型求解算法简便、有的模型测试精度高、有的模型解决实际问题时针对性强，这均在数值试验和实际应用中得到证实。

本书得以出版，要特别感谢我的导师中国农业大学邓乃扬教授和我的同学中国科学院大学田英杰教授的指导，也特别感谢唐山师范学院的资助。

由于本人水平有限，书中难免有疏漏之处，敬请读者批评指正。

目　录

第1章　绪　论

分类问题是现实生活中普遍存在的问题。分类的作用和根本目的在于面对某一具体事物时将其准确地归于某一类，然后用同一种方法去处理同一类中的不同事物。将某一事物准确归入某一类的方法即分类方法，研究分类方法首先要确定分类标准，而任何事物都不存在纯客观的分类标准，任何分类都带有主观性，因此，不同的分类标准会产生不同的分类方法。目前已有各种各样的分类方法，如人工神经网络、贝叶斯决策、决策树等。本书将要研究的是分类问题的新方法，即支持向量机方法。

支持向量机（Support Vector Machine，SVM）是一种新的通用机器学习方法。它由科尔特斯和瓦普尼克于 1995 年首先提出[1]，并已成为近年来机器学习研究的一项重大成果。瓦普尼克与切尔文基斯（Chervonenkis）的统计学习理论（Statistical Learning Theory，SLT）[2-4] 对有限样本情况下模式识别中的一些根本性问题进行了系统的理论研究，很大程度上解决了模型选择与过学习问题、非线性和维数灾难问题、局部极小点问题等，支持向量机正是在这一理论基础上发展起来的。与传统的人工神经网络相比，支持向量机不仅结构简单，而且各种技术性能尤其是泛化（Generalization）能力明显提高，这已被大量实验证实[5]。近年来，对 SVM 的研究主要集中在对 SVM 本身性质的研究和完善及加大 SVM 应用研究的深度和广度两方面。到目前为止，SVM 已应用于模式分类、回归分析、函数估计等领域，并已成功应用到手写阿拉伯数字识别[1]、文本自动分类[6]、说话人识别[7]、人脸检测[8-9]、性别分类[10]、计算机入侵检测[11]、生物信息技术[12]、遥感图像分析[13]、目标识别等诸多实际问题中。本章首先介绍机器学习、统计学习理论的一些基本内容和 SVM 的基本思想，然后详细讨论 SVM 的研究现状，最后对本书的主要研究工作和结构进行概述。

1.1 机器学习

人们在机器智能的研究中，希望能够用机器来模拟人从实例学习的能力，这就是基于数据的机器学习问题[2]，或者简单地称作机器学习问题。机器学习是现代智能技术中的重要内容，研究从观测数据（样本）出发寻找规律，利用这些规律对未来数据或无法观测的数据进行预测。包括模式识别、神经网络等在内，现有机器学习方法共同的重要理论基础之一是统计学。传统统计学研究的是样本数目趋于无穷大时的渐近理论，现有学习方法也多是基于此假设，但现实中所面对的样本数目通常是有限的，有时还十分有限。因此，一些理论上很优秀的学习方法在实际中的表现却可能不尽如人意（如推广能力）。与传统统计学相比，统计学习理论是一种专门研究小样本情况下机器学习规律的理论，是建立在一套较坚实的理论基础之上的，为解决有限样本的学习问题提供了一个统一的框架。统计学习理论能将很多现有方法纳入其中，可解决许多原来难以解决的问题（如神经网络结构选择问题、局部极小点问题等）；同时，在这一理论基础上发展出来的新的通用学习方法——SVM，已初步表现出很多优于已有方法的性能。瓦普尼克等人从 20 世纪 60—70 年代开始致力于此方面研究[2]，到 20 世纪 90 年代中期，随着其理论的不断发展和成熟，也由于神经网络等学习方法在理论上缺乏实质性进展，统计学习理论开始受到越来越广泛的重视。一些学者认为,SLT 和 SVM 正在成为继神经网络研究之后新的研究热点，并将有力地推动机器学习理论和技术的发展。

1.1.1 机器学习的主要问题

机器学习的目的是根据给定的训练样本求对某系统输入输出之间依赖关系的估计，使它能够对未知输出做出尽可能准确的预测。机器学习一般可表示为：

变量 y 与 $\boldsymbol{x}$ 存在一定的未知依赖关系，即遵循某一未知的联合概率 $F(\boldsymbol{x}, y)$（$\boldsymbol{x}$ 和 y 之间的确定性关系可以看作是其特例），根据 l 个独立同分布观测样本

$$(\boldsymbol{x}_1, y_1),(\boldsymbol{x}_2, y_2),\cdots,(\boldsymbol{x}_l, y_l),\ \boldsymbol{x}_i=([x_i]_1, [x_i]_2, \cdots, [x_i]_n)^{\mathrm{T}}\in \mathbf{R}^n,\ y_i\in \mathbf{R},\quad i=1,2,\cdots, l \tag{1}$$

在一组函数 $\{f(\boldsymbol{x},w)\}$ 中寻求一个最优的函数 $f(\boldsymbol{x},w_0)$ 对依赖关系进行估计，使期望风险

$$R(w) = \int L(y, f(\boldsymbol{x},w))\mathrm{d}F(\boldsymbol{x},y) \tag{2}$$

最小。其中，$\{f(\boldsymbol{x},w)\}$ 称作预测函数集，w 为函数的广义参数，$\{f(\boldsymbol{x},w)\}$ 可以表示任何函数集，$L(y,f(\boldsymbol{x},w))$ 为由于用 $f(\boldsymbol{x},w)$ 对 y 进行预测而造成的损失，称为损失函数，它是评价预测准确程度的一种度量。不同类型的学习问题有不同形式的损失函数。预测函数也称作学习函数、学习模型或学习机器。

有三类基本的机器学习问题，即模式识别（分类问题）、函数逼近和概率密度估计。在模式识别问题中，输出 y 是类别标号，在两类情况下，即当 $y\in\{0,1\}$ 或 $y\in\{1,-1\}$ 时，预测函数称作指示函数，损失函数可以定义为

$$L(y, f(\boldsymbol{x},w)) = \begin{cases} 0, & 若\ \ y = f(\boldsymbol{x},w) \\ 1, & 若\ \ y \neq f(\boldsymbol{x},w) \end{cases} \tag{3}$$

使风险最小就是贝叶斯决策中使错误率最小。在函数逼近问题中，y 是连续变量（这里假设为单值函数），损失函数可定义为

$$L(y, f(\boldsymbol{x}, w)) = (y - f(\boldsymbol{x}, w))^2 \tag{4}$$

即采用最小平方误差准则。而对概率密度估计问题，学习的目的是根据训练样本确定 $\boldsymbol{x}$ 的概率密度。记估计的密度函数为 $p(\boldsymbol{x}, w)$，则损失函数可以定义为

$$L(p(\boldsymbol{x}, w)) = -\lg p(\boldsymbol{x}, w) \tag{5}$$

1.1.2　经验风险最小化

在上面的问题表述中，学习的目标在于使期望风险最小化，而联合分布 $F(\boldsymbol{x}, y)$ 是未知的，所以可以利用的信息只有样本式（1），式（2）的期望风险无

法计算和最小化。因此，传统的学习方法中采用了所谓经验风险最小化（ERM）准则，即用样本定义经验风险

$$R_{\mathrm{emp}}(w)=\frac{1}{l}\sum_{i=1}^{l}L(y_i,f(\boldsymbol{x}_i,w)) \tag{6}$$

式（6）作为对式（2）的估计,设计学习算法使它最小化。对损失函数式（3），经验风险就是训练样本错误率；对式（4）的损失函数，经验风险就是平方训练误差;而采用式（5）,损失函数的 ERM 准则就等价于最大似然方法。事实上，用 ERM 准则代替期望风险最小化并没有理论上的保证,只是直观上合理的想法，但这种思想却在多年的机器学习方法研究中占据了主要地位。人们多年来将大部分注意力集中到如何更好地最小化经验风险上，而实际上，即使可以假定当 l 趋向于无穷大时式（6）趋近于式（2），在很多问题中的样本数目也离无穷大相去甚远。那么在有限样本下，ERM 准则得到的结果能使真实风险也较小吗？

1.1.3　复杂性与推广能力

ERM 准则不成功的一个例子是神经网络的过学习问题。最初，很多注意力都集中在如何使 $R_{\mathrm{emp}}(w)$ 更小，但很快就发现，训练误差小并不总能导致好的预测效果。某些情况下，训练误差过小反而会导致推广能力（学习机器对未来输出进行正确预测的能力）下降，即真实风险增加，这就是过学习问题。之所以出现过学习现象，一是因为样本不充分，二是学习机器设计不合理，这两个问题是互相关联的。设想一个简单的例子：假设有一组实数样本 $\{x,y\}$，y 取值区间为 [0,1]，那么不论样本是依据什么模型产生的，只要用函数 $f(x,\alpha)=\sin(\alpha x)$ 去拟合它们（α 是待定参数），总能够找到一个 α 使训练误差为零，但显然得到的“最优”函数并不能正确代表真实的函数模型。究其原因，是试图用一个十分复杂的模型去拟合有限的样本，导致丧失了推广能力。在神经网络中，对有限的样本来说，如果网络学习能力过强，虽足以记住每个样本，此时经验风险很

快就可以收敛到很小甚至零，但却根本无法保证它对未来样本能给出好的预测。学习机器的复杂性与推广性之间的这种矛盾同样可以在其他学习方法中看到。文献 [14] 给出了一个实验例子：在有噪声条件下用模型 $y=x^2$ 产生 10 个样本，分别用一个一次函数和一个二次函数根据 ERM 准则去拟合，结果显示，虽然真实模型是二次的，但由于样本数有限且受噪声的影响，用一次函数预测的结果更好。同样的实验进行了 100 次，71% 的结果是一次拟合好于二次拟合。由此可看出，有限样本情况下，经验风险最小并不一定意味着期望风险最小；学习机器的复杂性不但应与所研究的系统有关，而且要和有限数目的样本相适应。我们需要一种能够指导在小样本情况下建立有效学习和推广方法的理论。

1.2 统计学习理论

统计学习理论就是研究小样本统计估计和预测的理论。它从理论上给出了 ERM 准则成立的条件、有限样本情况下经验风险与期望风险的关系等问题，主要内容包括以下 4 个方面 [2]。

（1）ERM 准则下统计学习一致性的条件。

（2）在这些条件下关于统计学习方法推广性的界的结论。

（3）在这些界的基础上建立的小样本归纳推理准则。

（4）实现新的准则的实际方法（算法）。

这里学习的一致性就是当训练样本数目趋于无穷大时，经验风险的最优值能够收敛到真实风险的最优值。式（1）~ 式（4）中最有指导性的理论结果是推广性的界，与此相关的一个核心概念是 VC 维（Vapnik-Chervonenkis Dimension）。

1.2.1 VC 维

为了研究学习过程一致收敛的速度和推广性，统计学习理论定义了一系列有关函数集学习性能的指标，其中最重要的是 VC 维。分类（模式识别）方法中 VC 维的直观定义是：对一个指示函数集，如果存在 l 个样本能够被函数集中的函数按所有可能的 2^l 种形式分开，则称函数集能够把 l 个样本打散；函数集的 VC 维就是它能打散的最大样本数目 l。若对任意数目的样本都有函数能将它们打散，则函数集的 VC 维是无穷大的。有界实函数的 VC 维可以通过用一定的阈值将它转化成指示函数来定义。

例 1.1 设 F 是二维空间 X 上的线性指示函数的集合，即

$$F=\{f(x,a)=\mathrm{sgn}(w_2[x]_2+w_1[x]_1+w_0)\} \tag{7}$$

令 $Z_3=\{x_1, x_2, x_3\}\subset X$，且 x_1、x_2、x_3 不共线。现在说明 Z_3 被 F 打散。事实上，对 x_1、x_2、x_3 分别标上“+”标号或“–”标号，共有 $2^3=8$ 种标号方式。对每一种标号方式，都存在 $f\in F$，使得“+”标号和“–”标号被 $f=0$ 分开，如图 1.1 所示。图中“+”表示“+”标号的点，“○”表示“–”标号的点。这表明 $N(F, Z_3)=2^3$，即 Z_3 被 F 打散。

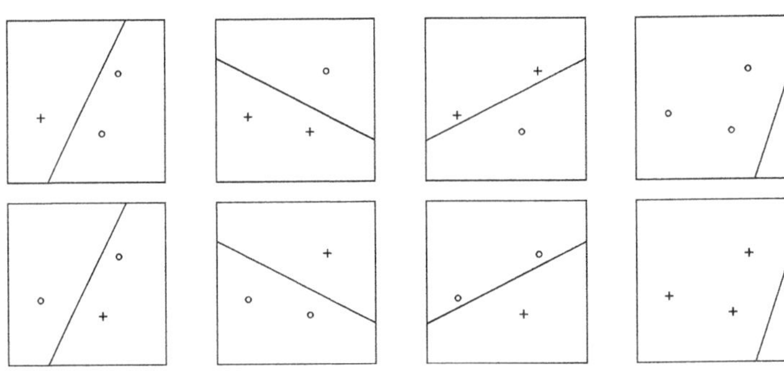

图 1.1 Z_3 被 F 打散

由 VC 维的直观定义可知，F 的 VC 维就是它能打散的 X 中点的最大个数。即若存在 l 个点组成的集合 Z_l 能被 F 打散，且任意 $l+1$ 个点的集合 Z_{l+1} 不能被 F 打散，则 F 的 VC 维就是 l；若任一正整数 l，都存在 l 个点组成的集合 Z_h 能被 F 打散，则 F 的 VC 维就是 ∞。例如函数集合

$$F=\{f(x,\alpha)=\mathrm{sgn}(\sin(\alpha x)),\ \alpha \in \mathbf{R}\} \tag{8}$$

其 VC 维就是∞。

VC 维反映了函数集的学习能力，VC 维越大则学习机器越复杂（容量越大）。遗憾的是，目前尚没有通用的关于任意函数集 VC 维计算的理论，只对一些特殊的函数集知道其 VC 维。例如，在 n 维实数空间中线性分类器和线性实函数的 VC 维是 $n+1$，对于一些比较复杂的学习机器（如神经网络），其 VC 维除了与函数集（神经网结构）有关外，还受学习算法等的影响，其确定更加困难。对于给定的学习函数集，如何用理论或实验的方法计算其 VC 维是当前统计学习理论中有待研究的一个问题[15]。

1.2.2 推广性的界

统计学习理论系统地研究了各种类型的函数集经验风险和实际风险之间的关系，即推广性的界[2]。关于两类分类问题的结论是：对指示函数集中的所有函数（包括使经验风险最小的函数），经验风险 $R_{\mathrm{emp}}(w)$ 和实际风险 $R(w)$ 之间以至少 $1-\eta$ 的概率满足如下关系[16]：

$$R(w) \leqslant R_{\mathrm{emp}}(w)+\sqrt{\frac{h\left(\ln\left(\frac{2l}{h}\right)+1\right)-\ln\left(\frac{\eta}{4}\right)}{l}} \tag{9}$$

其中 h 是函数集的 VC 维，l 是样本数。这说明学习机器的实际风险是由两部分控制的：一部分是经验风险（训练误差）；另一部分是置信范围，它和学习机器的 VC 维及训练样本数有关。式（9）可以简单地表示为

$$R(w) \leqslant R_{\mathrm{emp}}(w)+\Phi(h/l) \tag{10}$$

式（10）表明，在有限训练样本下，学习机器的 VC 维越高（复杂性越高），则置信范围越大，导致真实风险与经验风险之间可能的差别越大。这就是出现过学习现象的原因。机器学习过程不仅要使经验风险最小，还要使 VC 维尽量小，从而缩小置信范围，这样才能取得较小的实际风险，即对未来样本有较好的推

广性。需要指出，推广性的界是对于最坏情况的结论，在很多情况下是较松的，尤其当 VC 维较高时更是如此（文献 [16] 指出，当 $h/n > 0.37$ 时，这个界肯定是松弛的；当 VC 维无穷大时，这个界就不再成立）。而且，这种界只在对同一类学习函数进行比较时有效，这可以指导我们从函数集中选择最优的函数，在不同函数集之间比较却不一定成立。瓦普尼克指出[2]，寻找能更好地反映学习机器能力的参数和得到更紧的界是学习理论今后的研究方向之一。

1.2.3 结构风险最小化

从上面的结论看到，ERM 准则在样本有限时是不合理的，需要同时最小化经验风险和置信范围。事实上，在传统方法中，选择学习模型和算法的过程就是调整置信范围的过程，如果模型比较适合现有的训练样本（相当于 h/n 值适当），则可以取得比较好的效果。但因为缺乏理论指导，这种选择只能依赖先验知识和经验，造成了神经网络等方法对使用者“技巧”的过分依赖。

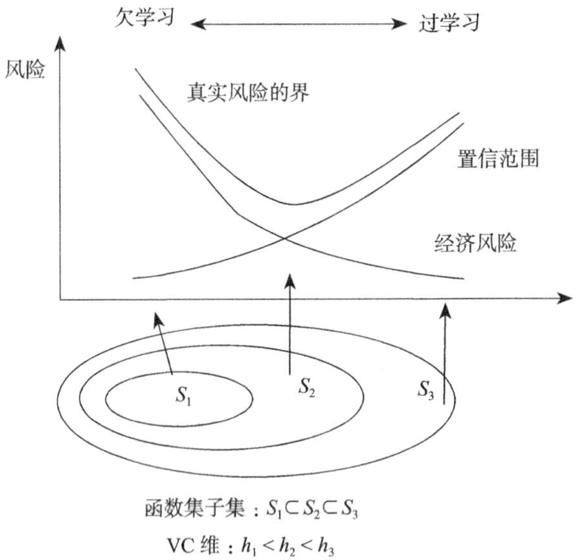

图 1.2　结构风险最小化

统计学习理论提出了一种新的策略，即把函数集构造为一个函数子集序列，使各子集按照 VC 维的大小排列；在每个子集中寻找最小经验风险，在子集间折中考虑经验风险和置信范围，使之达到实际风险的最小化，如图 1.2 所示。这种思想称作结构风险最小化（SRM）准则。统计学习理论还给出了合理的函数子集结构应满足的条件及在 SRM 准则下实际风险收敛的性质 [2]。

实现 SRM 准则可以有两种思路：①在每个子集中求最小经验风险，然后选择使最小经验风险和置信范围之和最小的子集。显然这种方法比较费时，当子集数目很大甚至是无穷时不可行；②设计函数集的某种结构，使在每个子集中都能取得最小的经验风险（如使训练误差为 0），然后只需选择适当的子集使置信范围最小，则这个子集中使经验风险最小的函数就是最优函数。支持向量机方法实际上就是这种思想的具体实现。文献 [14] 中讨论了一些函数子集结构的例子和如何根据 SRM 准则对某些传统方法进行改进的问题。

1.3　支持向量机基本思想

在 1.2 节中我们介绍了统计学习理论的前 3 部分。事实上，这些内容是其理论部分，而发挥理论在实际问题中的作用，即实现这些理论思想，是由它的第 4 部分完成的。SVM 正是实现这些新思想的具体方法。SVM 是统计学习理论中最年轻的内容，也是最实用的部分。其核心内容是在 1992—1995 年提出的 [1,17]，目前仍处在不断发展阶段。

1.3.1　最大间隔分类超平面

本节以分类问题为例说明 SVM 的基本思想 [18-20]。用数学语言可以把分类问题描述如下。

分类问题：根据给定的训练集 $T=\{(\boldsymbol{x}_1, y_1),(\boldsymbol{x}_2, y_2),\cdots,(\boldsymbol{x}_l, y_l)\}\in(X\times Y)^l$，其中 $\boldsymbol{x}_i\in X=\mathbf{R}^n$，$y_i\in Y=\{1,-1\}$ $(i=1,2,\cdots,l)$，寻找 $X=\mathbf{R}^n$ 上的一个实值函数 $g(\boldsymbol{x})$，以便用决策函数

$$f(\boldsymbol{x})=\operatorname{sgn}(g(\boldsymbol{x})) \tag{11}$$

推断任一模式 $\boldsymbol{x}$ 相对应的 y 值。由此可见，求解分类问题，实质上就是找到一个把 $\mathbf{R}^n$ 上的点分成两部分的规则。

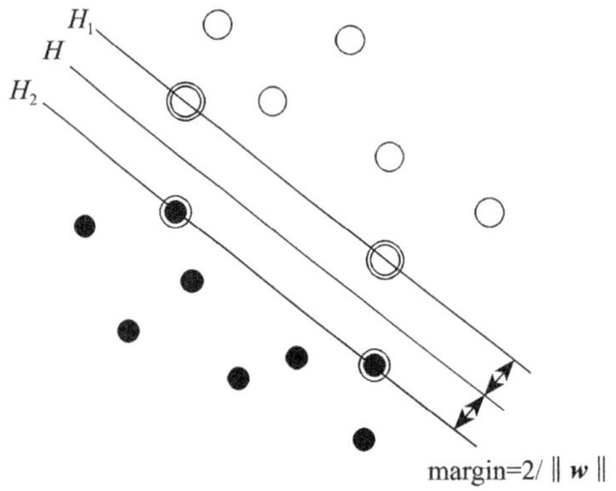

图 1.3　最大间隔分类超平面

SVM 是从线性可分的分类问题的最优分类面发展而来的，其基本思想可用图 1.3 所示的 2 维情况说明。

图 1.3 中实心点和空心点代表两类样本，H 为分类线，H_1、H_2 分别为过两类中离分类线最近的样本且平行于分类线的直线，它们之间的距离叫作分类间隔（margin）。所谓最大间隔分类线就是它不但能将两类正确分开（训练错误率为 0），而且使分类间隔最大。分类线方程为

$$(\boldsymbol{w}\cdot\boldsymbol{x})+b=0 \tag{12}$$

在 n 维空间中，不失一般性，可以对它进行规范化，使得线性可分的样本集

$$T=\{(\boldsymbol{x}_1,y_1),(\boldsymbol{x}_2,y_2),\cdots,(\boldsymbol{x}_l,y_l)\},\ \boldsymbol{x}_i\in\mathbf{R}^n, y_i\in\{+1,-1\} \tag{13}$$

满足

$$y_i[(\boldsymbol{w}\cdot\boldsymbol{x})+b]-1\geqslant 0,\quad i=1,2,\cdots,l \tag{14}$$

容易计算分类间隔等于 $2/\|\boldsymbol{w}\|$，使间隔最大等价于使 $\|\boldsymbol{w}\|/2$ 最小。满足条件式（14）且使 $\|\boldsymbol{w}\|/2$ 最小的分类面就叫作最优分类面，H_1 和 H_2 上的训练样本点就称作支持向量。

1.3.2　最大间隔与结构风险最小的等价性

使分类间隔最大实际上就是对推广能力的控制，这是 SVM 的核心思想之一。统计学习理论指出[1]，在 n 维空间中，设样本分布在半径为 R 的超球范围内，则满足条件

$$\|\boldsymbol{w}\|\leqslant A \tag{15}$$

的超平面 $(\boldsymbol{w}\cdot\boldsymbol{x})+b=0$ 构成的指示函数集

$$\{f(\boldsymbol{x},\boldsymbol{w},b)=\text{sgn}((\boldsymbol{w}\cdot\boldsymbol{x})+b)\} \tag{16}$$

的 VC 维满足

$$h\leqslant\min([R^2A^2],N)+1 \tag{17}$$

因此，使 $\|\boldsymbol{w}\|/2$ 最小就是使 VC 维的上界最小，从而实现 SRM 准则中对函数复杂性的选择。

当满足条件式（15）时，训练集中的每一点到规范的分类超平面的距离为

$$d(\boldsymbol{w},b,\boldsymbol{x}_i)=\frac{|(\boldsymbol{w}\cdot\boldsymbol{x}_i)+b|}{\|\boldsymbol{w}\|}\geqslant\frac{1}{A} \tag{18}$$

由此可见，超平面离任何点 $\boldsymbol{x}_i$ 的距离都不能比 $1/A$ 小。从图 1.4 可以看出它是如何减少可能的超平面的数量的，因而也减少了函数集的容量。

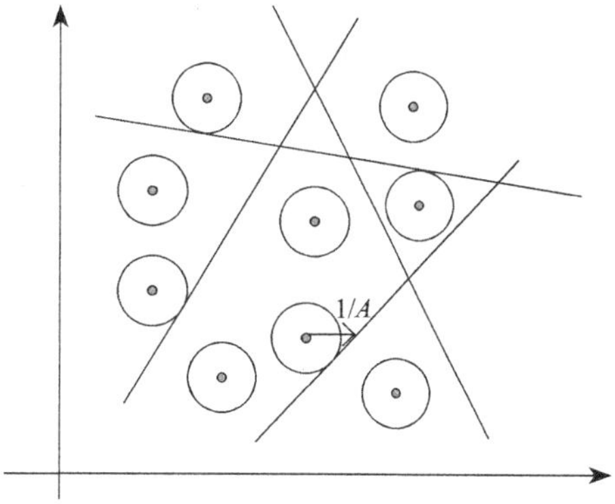

图 1.4　减少超平面

1.3.3　对偶问题

由 1.3.1 节的讨论可知，寻求最优分类超平面，就是求解最优化问题

$$\min_{\boldsymbol{w},b}\tau(\boldsymbol{w})=\frac{1}{2}\|\boldsymbol{w}\|^2 \tag{19}$$

$$\text{s.t.}\ \ y_i((\boldsymbol{w}\cdot\boldsymbol{x}_i)+b)\geqslant 1,\quad i=1,2,\cdots,l \tag{20}$$

根据拉格朗日乘子法，转化为求下面拉格朗日函数的鞍点过程

$$L(\boldsymbol{w},b,\boldsymbol{\alpha})=\frac{1}{2}\|\boldsymbol{w}\|^2-\sum_{i=1}^{l}\alpha_i(y_i((\boldsymbol{w}\cdot\boldsymbol{x}_i)+b)-1) \tag{21}$$

其中 $\boldsymbol{\alpha}=(\alpha_1,\alpha_2,\cdots,\alpha_l)^{\mathrm{T}}\in R_+^l$ 为拉格朗日乘子。先求拉格朗日函数关于 $\boldsymbol{w}$ 和 b 的极小值。由极值条件

$$\nabla_b L(\boldsymbol{w},b,\boldsymbol{\alpha})=0,\ \nabla_w L(\boldsymbol{w},b,\boldsymbol{\alpha})=0 \tag{22}$$

得到

$$\sum_{i=1}^{l} y_i\alpha_i=0 \tag{23}$$

$$\boldsymbol{w}=\sum_{i=1}^{l}\alpha_i y_i \boldsymbol{x}_i \tag{24}$$

把式（23）代入拉格朗日函数式（21），并利用式（24），即得到对偶问题为

$$\max_{\boldsymbol{\alpha}}\left\{-\frac{1}{2}\sum_{i=1}^{l}\sum_{j=1}^{l}y_i y_j\alpha_i\alpha_j(\boldsymbol{x}_i\cdot\boldsymbol{x}_j)+\sum_{j=1}^{l}\alpha_j\right\} \tag{25}$$

$$\text{s.t.}\ \sum_{i=1}^{l}y_i\alpha_i=0 \tag{26}$$

$$\alpha_i \geqslant 0,\quad i=1,2,\cdots,l \tag{27}$$

式（25）~式（27）是一个不等式约束下二次函数寻优的问题，显然它存在唯一解。容易证明，解中将只有一部分（通常是少部分）α_i 不为 0，不为 0 的 α_i 对应的样本就是支持向量。求出式（25）~式（27）的最优解 $\boldsymbol{\alpha}^*$，就可以得到最优分类超平面

$$(\boldsymbol{w}^*\cdot\boldsymbol{x})+b^*=0 \tag{28}$$

其中

$$\boldsymbol{w}^*=\sum_{i=1}^{l}\alpha_i^* y_i\boldsymbol{x}_i \tag{29}$$

$$b^*=-\frac{1}{2}((\boldsymbol{w}^*\cdot\boldsymbol{x}_+)+(\boldsymbol{w}^*\cdot\boldsymbol{x}_-)) \tag{30}$$

而 $\boldsymbol{x}_+$ 和 $\boldsymbol{x}_-$ 是满足下列条件的支持向量

$$\boldsymbol{\alpha}_+^*>0,\boldsymbol{\alpha}_-^*>0,y_+=1,y_-=-1 \tag{31}$$

最后得到的最优分类函数是

$$f(\boldsymbol{x})=\operatorname{sgn}((\boldsymbol{w}^* \cdot \boldsymbol{x})+b^*)=\operatorname{sgn}\left(\sum_{i=1}^{l}\alpha_i^* y_i(\boldsymbol{x}_i \cdot \boldsymbol{x})+b^*\right) \tag{32}$$

从上述结论可以推导出

$$\|\boldsymbol{w}\|^2=(\sum_{i=1}^{l}\alpha_i^* y_i \boldsymbol{x}_i)^2=\sum_{i=1}^{l}\alpha_i^*=\sum_{\alpha_i^* \in \mathrm{SV}}\alpha_i^* \tag{33}$$

其中 SV 为支持向量集合，这时函数集的 VC 维满足

$$h \leqslant \min\left\{R^2\sum_{i\in \mathrm{SV}}\alpha_i^*, n\right\}+1 \tag{34}$$

对于线性不可分的问题求最优分类超平面 [1]，引入了非负变量 ξ 和惩罚函数

$$F_\sigma(\boldsymbol{\xi})=\sum_{i=1}^{l}\xi_i^\sigma, \tag{35}$$

其中 ξ 是对错分误差的度量，σ 一般取 1 或 2，当取 1 时，即在条件式（20）中增加一个松弛项 $\xi \geqslant 0$，成为

$$y_i((\boldsymbol{w}\cdot \boldsymbol{x}_i)+b)-1+\xi_i \geqslant 0, \quad i=1,2,\cdots,l \tag{36}$$

将目标函数式（19）改为

$$\tau(\boldsymbol{w},\boldsymbol{\xi})=\frac{1}{2}\|\boldsymbol{w}\|^2+C\sum_{i=1}^{l}\xi_i \tag{37}$$

即折中考虑最少错分样本和最大分类间隔，就会得到广义最优分类面。其中，$C>0$ 是一个常数，它控制对错分样本惩罚的程度。广义最优分类面的对偶问题与线性可分情况下几乎完全相同，其具体形式为

$$\min_{\boldsymbol{\alpha}} \frac{1}{2}\sum_{i=1}^{l}\sum_{j=1}^{l}y_i y_j \alpha_i \alpha_j (\boldsymbol{x}_i \cdot \boldsymbol{x}_j)-\sum_{j=1}^{l}\alpha_j \tag{38}$$

$$\text{s.t.} \quad \sum_{i=1}^{l}y_i\alpha_i=0 \tag{39}$$

$$0 \leqslant \alpha_i \leqslant C, \quad i=1,2,\cdots,l \tag{40}$$

最后得到的最优分类函数是

$$f(\boldsymbol{x})=\mathrm{sgn}\left((\boldsymbol{w}^{*}\cdot\boldsymbol{x})+b^{*}\right)=\mathrm{sgn}\left(\sum_{i=1}^{l}\alpha_i^{*}y_i(\boldsymbol{x}_i\cdot\boldsymbol{x})+b^{*}\right) \tag{41}$$

1.3.4 SVM算法

对于 n 维空间中的线性函数，其 VC 维为 $n+1$，但根据式（34）的结论，在 $\|\boldsymbol{w}\|\leqslant A$ 的约束下其 VC 维可能大大减小，即使在维数很高的空间中也可以得到较小 VC 维的函数集，以保证有较好的推广性。同时可以看到，通过把原问题转化为对偶问题，计算的复杂度不再取决于空间维数，而是取决于样本数，尤其是样本中的支持向量数。这些特点使有效地解决高维问题成为可能。

对非线性问题，SVM 把输入 $\boldsymbol{x}_i$ $(i=1,2,\cdots,l)$ 通过某个非线性变换 $\Phi(\cdot)$ 映射到某个高维空间中的向量 $\boldsymbol{\Phi}(x_i)$ $(i=1,2,\cdots,l)$，把非线性问题转化为在该高维空间中的线性问题，然后在这个高维空间中求最优分类面。这种变换可能比较复杂，一般情况下不能明确地知道变换的具体形式。但是应该注意的是，在上面的对偶问题中，不论是对偶问题式（38）~式（40）还是分类函数式（41），仅涉及训练样本的内积运算 $(\boldsymbol{x}_i\cdot\boldsymbol{x}_j)$。这样，在高维空间，实际上只需进行内积运算，而这种内积运算可以用原空间中的函数实现，甚至没有必要知道变换的形式。根据泛函的有关理论，只要一种核函数 $K(\boldsymbol{x}_i\cdot\boldsymbol{x}_j)$ 满足 Mercer 条件，它就对应某一变换空间中的内积 [16,18]。

因此，在最优分类面中采用适当的内积函数 $K(\boldsymbol{x}_i\cdot\boldsymbol{x}_j)$ 就可以实现某一非线性变换后的线性分类，而计算复杂度却没有增加，此时对偶问题式（38）~式（40）变为

$$\min_{\alpha}\frac{1}{2}\sum_{i=1}^{l}\sum_{j=1}^{l}y_iy_j\alpha_i\alpha_jK(\boldsymbol{x}_i,\boldsymbol{x}_j)-\sum_{j=1}^{l}\alpha_j \tag{42}$$

$$\text{s.t.} \sum_{i=1}^{l} y_i \alpha_i = 0 \tag{43}$$

$$0 \leqslant \alpha_i \leqslant C, \quad i = 1, 2, \cdots, l \tag{44}$$

相应的分类函数变为

$$f(\boldsymbol{x}) = \mathrm{sgn}\left(\sum_{i=1}^{l} \alpha_i^* y_i K(\boldsymbol{x}_i, \boldsymbol{x}) + b^*\right) \tag{45}$$

其中

$$b^* = -\frac{1}{2}\sum_{i=1}^{l} \alpha_i^* y_i (K(\boldsymbol{x}_i, \boldsymbol{x}_+) + K(\boldsymbol{x}_i, \boldsymbol{x}_-)) \tag{46}$$

概括地说，构造式（45）所示的决策函数的学习机器叫作 SVM。它首先通过用内积函数定义的非线性变换将输入空间变换到一个高维空间，然后在这个高维空间中构造最优分类超平面。SVM 分类函数形式上类似于一个神经网络，输出中间节点的线性组合，每个中间节点对应一个支持向量，如图 1.5 所示。

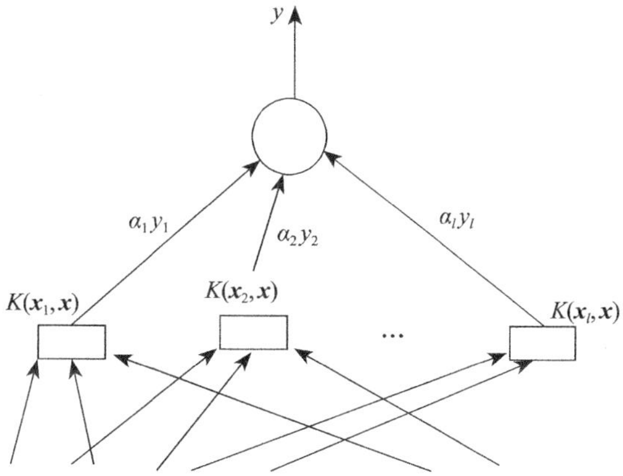

图 1.5 中间节点对应支持向量

1.3.5 核函数

核函数把高维空间中两个点的内积运算用原来输入空间中的两个模式的简单函数的求值来代替，从而解决了维数灾难问题。其计算量只依赖于训练样本的数目，但要在高维空间中得到一个样本比较均匀的分布，仍需要提供大量的样本。

定义 1.1 核函数（或核或正定核）[18] 设 X 是 $\mathbf{R}^n$ 中的一个子集。称定义在 $X\times X$ 上的函数 $K(\boldsymbol{x},\boldsymbol{x}')$ 是核函数（或核或正定核），如果存在着从 X 到某一个希尔伯特空间 H 的映射

$$\Phi:\begin{array}{ccc} X & \to & H \\ \boldsymbol{x} & \mapsto & \boldsymbol{\Phi}(\boldsymbol{x}) \end{array} \tag{47}$$

使得

$$K(\boldsymbol{x},\boldsymbol{x}')=(\boldsymbol{\Phi}(\boldsymbol{x})\cdot\boldsymbol{\Phi}(\boldsymbol{x}')) \tag{48}$$

其中 (·) 表示 H 中的内积。

而 Mercer 定理给出了一个 $X\times X$ 上连续实值对称函数对应某一个空间的内积的条件[18]，即核函数的等价条件。

定理 1.1 Mercer 定理 令 χ 是 $\mathbf{R}^n$ 上的一个紧集，K 是 $X\times X$ 上的连续实值对称函数，则

$$\int_{X\times X}K(\boldsymbol{x},\boldsymbol{x}')f(\boldsymbol{x})f(\boldsymbol{x}')\mathrm{d}\boldsymbol{x}\mathrm{d}\boldsymbol{x}'\geqslant 0,\ \forall f\in L_2(X) \tag{49}$$

等价于 $K(\cdot,\cdot)$，可表示为 $X\times X$ 上的一致收敛序列

$$K(\boldsymbol{x},\boldsymbol{x}')=\sum_{t=1}^{\infty}\lambda_t\psi_t(\boldsymbol{x})\psi_t(\boldsymbol{x}') \tag{50}$$

其中 $\lambda_t>0$ 是 $\boldsymbol{T}_K$ 的特征值，$\psi_t\in L_2(X)$ 是对应 λ_t 的特征函数（$\|\psi_t\|_{L_2}=1$）。它也等价于 $K(\boldsymbol{x},\boldsymbol{x}')$，是一个核函数：

$$K(\boldsymbol{x},\boldsymbol{x}')=(\boldsymbol{\Phi}(\boldsymbol{x})\cdot\boldsymbol{\Phi}(\boldsymbol{x}')) \tag{51}$$

其中

$$\boldsymbol{\Phi}:\begin{array}{ccc} X\subset\mathbf{R}^n & \to & l_2 \\ \boldsymbol{x} & \mapsto & (\sqrt{\lambda_1}\psi_1(\boldsymbol{x}),\sqrt{\lambda_2}\psi_2(\boldsymbol{x}),\cdots)^{\mathrm{T}} \end{array} \tag{52}$$

而 (·) 是希尔伯特空间 l_2 上的内积。下面给出一些常用的核函数。

1）多项式核

$$K(\boldsymbol{x},\boldsymbol{x}')=(\boldsymbol{x}\cdot\boldsymbol{x}')^d,\quad d=1,2,\cdots \tag{53}$$

$$K(\boldsymbol{x},\boldsymbol{x}')=((\boldsymbol{x}\cdot\boldsymbol{x}')+1)^d,\ d=1,2,\cdots \tag{54}$$

2）高斯径向基核

$$K(\boldsymbol{x},\boldsymbol{x}')=\exp\left(-\frac{\|\boldsymbol{x}-\boldsymbol{x}'\|^2}{\sigma}\right) \tag{55}$$

3）多层感知器，又称 Sigmoid 核

$$K(\boldsymbol{x},\boldsymbol{x}')=\tanh(K(\boldsymbol{x}\cdot\boldsymbol{x}')+v) \tag{56}$$

其中 $v<0$。

4）样条核函数

以 τ 为节点的 p 阶有限样条核函数如下：

$$K(\boldsymbol{x},\boldsymbol{x}')=\sum_{i=0}^{p}\boldsymbol{x}^i\boldsymbol{x}'^i+\sum_{j=1}^{N}(\boldsymbol{x}-\tau_j)_+^p(\boldsymbol{x}'-\tau_j)_+^p \tag{57}$$

其中

$$x_+^p=\begin{cases}x^p, & \boldsymbol{x}>\boldsymbol{0}\\ 0, & \boldsymbol{x}\leqslant\boldsymbol{0}\end{cases} \tag{58}$$

更复杂的核函数可以通过一些运算得到。

定理 1.2[18]　设 K_1 和 K_2 是 $X\times X$ 上的核，$X\subseteq\mathbf{R}^n$。设常数 $a\geqslant 0$，又设 $p(x)$ 是系数全为正数的多项式，则下面的函数均是核：

（1）$K(\boldsymbol{x},\boldsymbol{x}')=K_1(\boldsymbol{x},\boldsymbol{x}')+K_2(\boldsymbol{x},\boldsymbol{x}')$　　（59）

（2）$K(\boldsymbol{x},\boldsymbol{x}')=aK_1(\boldsymbol{x},\boldsymbol{x}')$　　（60）

（3）$K(\boldsymbol{x},\boldsymbol{x}')=K_1(\boldsymbol{x},\boldsymbol{x}')\,K_2(\boldsymbol{x},\boldsymbol{x}')$　　（61）

（4）$K(\boldsymbol{x},\boldsymbol{x}')=p(K_1(\boldsymbol{x},\boldsymbol{x}'))$　　（62）

（5）$K(\boldsymbol{x},\boldsymbol{x}')=\exp(K_1(\boldsymbol{x},\boldsymbol{x}'))$　　（63）

1.3.6　支持向量回归机

SVM 方法也可以很好地应用到回归问题中[21]，其基本思路与处理分类问

题十分相似。首先考虑用线性回归函数

$$f(\boldsymbol{x}) = (\boldsymbol{w} \cdot \boldsymbol{x}) + b \tag{64}$$

拟合训练集

$$T = \{(\boldsymbol{x}_i, y_i), \boldsymbol{x}_i \in \mathbf{R}^n, y_i \in \mathbf{R},\ i = 1, 2, \cdots, l\} \tag{65}$$

的问题，并假设所有训练数据都可以在精度 ε 下无误差地用线性函数拟合，即

$$y_i - (\boldsymbol{w} \cdot \boldsymbol{x}_i) - b \leqslant \varepsilon \tag{66}$$

$$(\boldsymbol{w} \cdot \boldsymbol{x}_i) + b - y_i \leqslant \varepsilon, \quad i = 1, 2, \cdots, l \tag{67}$$

如图 1.6 所示。

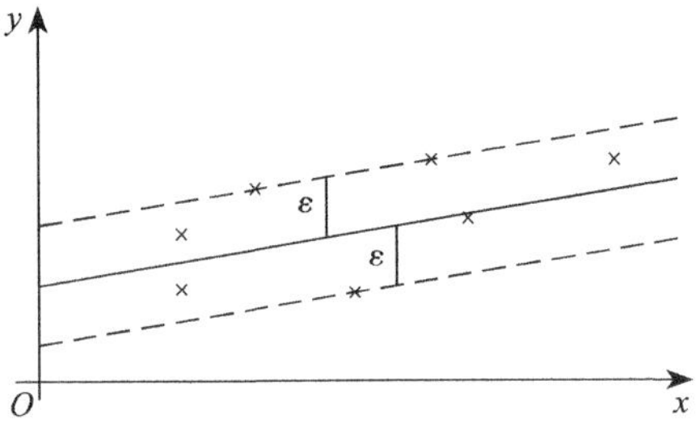

图 1.6　线性函数拟合

与最优分类面中最大化分类间隔相似，这里控制函数集复杂性的方法是使回归函数“最平坦”[18]，它等价于最小化 $\|\boldsymbol{w}\|^2$。

考虑到允许拟合误差的情况，引入松弛变量 $\xi_i \geqslant 0$ 和 $\xi_i^* \geqslant 0$，则得到最优化问题

$$\min_{\boldsymbol{w},\xi} \frac{1}{2}\|\boldsymbol{w}\|^2 + \frac{C}{l}\sum_{i=1}^{l}(\xi_i + \xi_i^*) \tag{68}$$

$$\text{s.t.}\ (\boldsymbol{w} \cdot \boldsymbol{x}_i) + b - y_i \leqslant \varepsilon + \xi_i,\ i = 1, 2, \cdots, l \tag{69}$$

$$y_i - (\boldsymbol{w} \cdot \boldsymbol{x}_i) - b \leqslant \varepsilon + \xi_i^*,\ i = 1, 2, \cdots, l \tag{70}$$

$$\xi_i, \xi_i^* \geqslant 0,\ i = 1, 2, \cdots, l \tag{71}$$

常数 $C > 0$ 控制对超出误差 ε 样本的惩罚程度。采用同样的优化方法可以得到其对偶问题

$$\min_{\alpha^{(*)} \in \mathbf{R}^{2l}} \frac{1}{2}\sum_{i,j=1}^{l}(\alpha_i^* - \alpha_i)(\alpha_j^* - \alpha_j)K(\boldsymbol{x}_i, \boldsymbol{x}_j) + \varepsilon\sum_{i=1}^{l}(\alpha_i^* + \alpha_i) - \sum_{i=1}^{l}y_i(\alpha_i^* - \alpha_i) \tag{72}$$

$$\text{s.t.} \ \sum_{i=1}^{l}(\alpha_i - \alpha_i^*) = 0 \tag{73}$$

$$0 \leqslant \alpha_i, \alpha_i^* \leqslant \frac{C}{l}, \ i = 1, 2, \cdots, l \tag{74}$$

其中 $\boldsymbol{\alpha}^{(*)} = (\alpha_1, \alpha_1^*, \alpha_2, \alpha_2^*, \cdots, \alpha_l, \alpha_l^*)^{\mathrm{T}}$ 。通过求解该问题得到最优解 $\bar{\boldsymbol{\alpha}}^*$，构造线性回归函数

$$f(\boldsymbol{x}) = \sum_{i=1}^{l}(\bar{\alpha}_i^* - \bar{\alpha}_i)K(\boldsymbol{x}_i, \boldsymbol{x}) + \bar{b} \tag{75}$$

与分类问题的 SVM 方法一样，这里的解 $\boldsymbol{\alpha}^{(*)}$ 的分量 α_i、α_i^* 也将只有小部分不为 0，不为 0 的分量对应的样本就是支持向量。而且这里的对偶问题与决策函数也只涉及内积运算，只要用核函数 $K(\boldsymbol{x}_i, \boldsymbol{x}_j)$ 替代对偶问题与决策函数中的内积运算，就可以实现非线性函数拟合。这样得到的支持向量机称为支持向量回归机。由模型式（72）构建的算法称为 ε-SVR。

实验表明，SVM 有以下特点。

（1）结构简单。

（2）性能优良，尤其是泛化能力好。

（3）适合处理高维数据。计算复杂性与输入模式的维数没有直接关系，避免了维数灾难。

（4）有关的优化问题有唯一的极小点，学习速度快。

（5）更换核 $K(\boldsymbol{x}, \boldsymbol{x}')$ 可以得到各种不同的分离曲面。

1.4 支持向量机的研究现状

瓦普尼克在 20 世纪 60 年代就开始了统计学习理论的研究 [22]，瓦普尼克和切尔文基斯于 1981 年提出了 SVM 的重要的理论基础——VC 维理论。1982 年，瓦普尼克进一步提出了具有划时代意义的结构风险最小化原理 [23]，堪称 SVM 算法的基石。

1992 年，瓦普尼克等人提出了最大间隔分类器[17]，1993 年，科尔特斯和瓦普尼克进一步探讨了非线性最大间隔的分类问题[24]。1995 年，瓦普尼克完整地提出了 SVM 分类[2]。1997 年，瓦普尼克详细介绍了基于 SVM 方法的回归算法和信号处理方法。

由于 SVM 算法的潜在应用价值吸引了国际上众多的知名学者，近几年出现了许多新型和改进的 SVM 算法及关于 SVM 中核的研究方法[25-32]。1998 年，斯莫拉(Smola)在他的博士论文中详细研究了 SVM 算法中各种核的机理和应用，为进一步完善 SVM 非线性算法做出了重要的贡献[32]。本节主要介绍支持向量机本身模型的研究状况与解决支持向量机中优化问题算法的研究状况。

1.4.1 SVM 模型的研究现状

瓦普尼克在文献 [3] 中对标准的 C–SVM[2] 中的目标函数进行改造，将 $\sum_{i=1}^{l}\xi$ 改为 $\sum_{i=1}^{l}\xi_i^2$，使得对偶问题中参数 C 成为核函数的一个参数。文献 [33] 讨论了 $\sum_{i=1}^{l}\xi_i^k$ 的情况，当 k=1 时，即为 C-SVM 算法。

文献 [34] 和 [35] 提出在目标函数中增加一项 $b^2/2$，保证了决策函数的唯一性，且其对偶问题少了等式约束 $y^t\alpha=0$，只有边界约束 $0\leqslant\alpha\leqslant C$，由此得到的算法简称为 BSVM（Bounded SVM）算法。该算法的优点是适合迭代求解，同时应用矩阵分解技术，每次只需更新拉格朗日乘子的一个分量，不需将所有样本载入内存，从而提高了收敛速度。

由于 C-SVM 算法中的参数 C 没有直观意义，所以在实际应用中很难选择合适的值。斯科尔科普夫（Scholkopf）等人[29]提出了 v–SVM 算法，即用参数 v 取代 C，而 v 有明显的实际意义，它是间隔错误样本的个数所占总样本个数的份额的上界，又是支持向量个数所占总样本个数的份额的下界。也就是说，参数 v 可以控制支持向量的数目和误差，易于选择。

由于标准 ν–SVM 算法比 C-SVM 算法复杂，对于解决大规模问题不是有效方法，因此文献 [34] 提出了一种变形 ν–SVM 算法，在原目标函数中加一项 $b^2/2$，由此得到的算法简称为 Bν–SVM 方法。实验表明 [30]，其结果有较好的精度。

苏伊肯斯（Suykens）等人 [36] 提出了最小二乘支持向量机（Least-Square SVM），目标函数为 $\|w\|^2/2+\sum_{i=1}^{l}\xi_i^2/2$。不等式约束 $y_i((\boldsymbol{w}\cdot\boldsymbol{x}_i)+b)\geqslant 1-\xi_i\,(i=1,2,\cdots,l)$ 变为等式约束 $y_i((\boldsymbol{w}\cdot\boldsymbol{x}_i)+b)=1-\xi_i\,(i=1,2,\cdots,l)$，从而将二次规划问题转变成线性方程组的求解，降低了计算复杂性。

基尔蒂（Keerthi）等人提出了修改了的算法——NPA 最近点算法。其基本思想是将 SVM 原问题的惩罚项由线性累加改为二次累加，从而使优化问题转化为两个凸集间的最大间隔，缺点是只能用于分类问题，不适用于函数估计问题。

为了区别对待每个样本点数据的重要性，一些学者提出了加权支持向量机（WSVM），同时该思想还可以解决类别补偿问题 [37]。文献 [38] 分析了 C–SVM 算法中类别大小不平衡对分类精度影响的原因，提出了相应的解决方法。文献 [37] 提出了双 ν–SVM 算法来解决 ν–SVM 算法训练类别大小不均衡带来的问题。文献 [39] 提出了一种 FSVM 算法，给每个样本都赋予一个模糊隶属度值，这样不同的样本对决策函数的学习有不同的贡献，可以减少外部的影响。苏肯斯（Sukyens）等人 [40] 针对 LS–SVM 提出了加权 LS–SVM 算法。

鲁伯特（Roobaert）提出的直接支持向量机（Direct SVM）采用了启发式搜索方法，在所有训练样本集中搜索支持向量，从而避免了求二次规划的最优解。启发规则主要包括：①距离最近的两个不同类别的数据点有可能是支持向量；②最大偏离最优超平面上的数据点有可能是支持向量。根据这两条启发规则搜索支持向量及最优超平面，具有直观、求解速度快等优点。另外，还有光滑支持向量机（Smooth SVM,SSVM）方法 [41] 和拉格朗日支持向量机（Lagrangian SVM，LSVM）方法 [42] 等。

对多类分类问题，SVM 的算法有以下 4 种。

（1）文献 [4] 给出的算法是，对于 N 类问题构造 N 个两类分类器，第 i 个

分类器用第 i 类中的训练样本作为正的训练样本，而将其他的样本作为负的训练样本。这个算法称为一类对余类（1-aginst-rest）。最后的输出是两类分类器输出中最大的那一类（此时两类分类器的判别函数不用取符号函数 sgn）。其缺点是它的推广误差无界。

（2）克内尔（Knerr）[43] 提出，在 N 类训练样本中构造所有可能的两类分类器，每类仅仅在 N 类中的两类训练样本上训练，结果共构造 $K=N(N-1)/2$ 个分类器，我们称该算法为成对分类（1-aginst-1）。组合这些两类分类器很自然地用到了投票法，得票最多（Max Wins）的类为新点所属的类。该算法的缺点是：①如果单个两类分类器不规范化，则整个 N 类分类器将趋向于过学习；②推广误差无界；③分类器的数目随类数 N 急剧增加，导致在决策时速度很慢。

（3）文献 [44] 把原始问题改为如下形式，使得它能同时计算出多类分类决策函数：

$$\min_{\boldsymbol{w}_r\in H,\, b_r\in\mathbf{R},\, \xi^r\in\mathbf{R}^l} \frac{1}{2}\sum_{r=1}^{M}\|\boldsymbol{w}_r\|^2+\frac{C}{m}\sum_{i=1}^{m}\sum_{r\neq y_i}\xi_i^r \tag{76}$$

$$\text{s.t.}\ (\boldsymbol{w}_{y_i}\cdot\boldsymbol{x}_i)+b_{y_i}\geqslant(\boldsymbol{w}_r\cdot\boldsymbol{x}_i)+b_r+2-\xi_i^r \tag{77}$$

$$\xi_i^r\geqslant 0 \tag{78}$$

其中 $m\in\{1,2,\cdots,M\}\setminus y_i,\ y_i\in\{1,2,\cdots,M\}$ 是模式 x_i 对应的多类分类指标。从精确性上来说，该方法得到的结果是可以和应用广泛的一类对余类方法相比的。但是这个最优化问题要同时处理所有的支持向量，而其他的方法中，独立的两类分类问题处理的支持向量数目就小得多，所花费的训练时间就相应地减少。

（4）普拉特（Platt）等人 [45] 提出了一个新的学习架构，即决策导向的循环图（Decision Directed Acyclic Graph，DDAG），将多个两类分类器组合成多类分类器。对于 N 类问题，DDAG 含有 $N(N-1)/2$ 个分类器，每个分类器对应两类。其优点是推广误差只取决于类数 N 和节点上的类间间隔（Margin），而与输入空间的维数无关。根据 DDAG 提出的 DDAGSVM 算法中，DDAG 的每个节点和一个成对分类器相关，其速度显著比一类对余类或成对分类方法快。

针对某一特定问题选择支持向量机中核函数及参数 C 和 v 等对于最后得到的决策函数是至关重要的。这种问题统称为模型选择问题[18]。尽管模型选择方面的研究成果不多，但它作为支持向量机的重要研究内容已日益受到研究者的重视。文献 [46] 和 [47] 通过最小化几种不同的 LOO 误差界，给出了选择合适的核函数及相应参数的方法。阿雅特（Ayat）等人认为核函数在零点附近应该较快地下降，在无穷远点应有适当的下降而不应为 0，由此构造了一个新的核函数 KMOD，实验表明 KMOD 的推广能力高于径向基函数。阿玛里（Amari）和吴（Wu）通过增加不同模式间的间隔距离来增加分类器的可分性，针对径向基函数，给出了动态修正径向基函数的算法。夏佩尔（Chapelle）[48] 针对不同模型参数得到验证误差，拟合出一条关于模型参数与验证误差的曲线，给出根据拟合曲线的梯度修正模型参数的方法。

1.4.2 求解 SVM 的算法研究现状

我们知道，SVM 最终要归结为求解二次规划问题。对于二次规划问题，经典的方法有积极集法、对偶方法、内点算法[49-56] 等，但是当训练样本增多时，这些算法便面临着维数灾难，或者由于内存的限制而导致无法训练，无法应用 SVM 进行模式分类和函数估计。所以，如何训练大训练集的 SVM 便成为 SVM 实际应用的瓶颈问题。

由于 SVM 中的大型二次规划问题有一些好的特性，如解的稀疏性和最优化问题的凸性等，这些性质使得构造使用较少存储的快速专用算法成为可能。这些专用算法的一个共同特点就是将大规模的原始问题分解为若干小规模的子问题，按照某种迭代策略，反复求解子问题，构造出原问题的近似解，并使该近似解逐渐收敛到原问题的最优解。

奥苏纳（Osuna）针对 SVM 训练速度慢及时间空间复杂度大的问题，提出了分解算法，并将之应用于人脸检测中。其主要思想是将训练样本分为工作集

B 和非工作集 N，B 中的样本个数为 q 个，q 远小于总样本个数，每次只针对工作集 B 中的 q 个样本训练，而固定 N 中的训练样本。该算法的要点有以下 3 个方面。

（1）应用有约束条件下二次规划极值点存在的最优条件，即 KKT 条件，推出本问题的约束条件，这也是终止条件。

（2）工作集中训练样本的选择算法，应保证分解算法能快速收敛，且计算费用最少。

（3）改变分解算法收敛的理论证明。奥苏纳给出了一个简单的证明。

常（Chang）[57] 指出奥苏纳的证明不严密，并详尽分析了分解算法的收敛过程及速度。该算法的关键在于选择一种最优的工作集选择算法，所以奥苏纳的工作集的选择算法并不是最优的。但是应该说奥苏纳的这一工作是开创性的，并为后来的研究奠定了基础。

约阿希姆斯（Joachims）针对文献 [58] 提出了具体的 SVM 实现算法，并在软件包 SVM light 中实现了这一算法。该算法的主要贡献在于工作集的选择和实现的细节上。工作集的选择是找一个恰有 $|B|$ 个非零分量且使目标函数下降速度最快的方向 $\boldsymbol{d}$，然后用 $\boldsymbol{d}$ 的这些非零分量的下标组成工作集 B，确切地说，是求解如下的优化问题：

$$\min v(\boldsymbol{d}) = (-\boldsymbol{e} + \boldsymbol{H}\boldsymbol{\alpha}^k)^{\mathrm{T}} \boldsymbol{d} \tag{79}$$

$$\text{s.t.} \ \ \boldsymbol{y}^{\mathrm{T}}\boldsymbol{d} = 0 \tag{80}$$

$$d_i \geqslant 0, \ \ i \in \{i \mid \alpha_i^k = 0\} \tag{81}$$

$$d_i \leqslant 0, \ \ i \in \{i \mid \alpha_i^k = C\} \tag{82}$$

$$-1 \leqslant d_i \leqslant 1 \tag{83}$$

$$|\{d_i \mid d_i \neq 0\}| = |B| \tag{84}$$

从而得到一个 $\boldsymbol{d}$ 的非零下标集，以此作为工作集 B。

普拉特（Platt）提出了序列最小最优化算法（Sequential Minimal Optimization,

SMO）来解决大训练样本的问题，并和 Chunking 算法进行了比较。该算法可以说是 Osuna 分解算法的一个特例，工作集 B 中只有两个样本。其优点是针对两个样本的二次规划问题可以有解析解的形式，从而避免了多样本情形下的数值解不稳定及耗时问题，同时也不需要大的矩阵存储空间，特别适合稀疏样本。其工作集的选择也别具特色，不是传统的最陡下降法，而是启发式。通过两个嵌套的循环来寻找待优化的样本变量，在外环中寻找违背 KKT 最优条件的样本，然后在内环中再选择另一个样本，完成一次优化，然后再循环，进行下一次优化，直到全部样本都满足最优条件。SMO 算法主要耗时在最优条件的判断上，所以应寻找最合理（即计算代价最低）的最优条件判别式，同时对常用的参数进行缓存。关于 SMO 算法收敛的理论分析在文献 [59] 中有详尽的证明。普拉特将 SMO 算法同投影共轭梯度法（PCG）进行了比较，对于 MNIST 训练集，SMO 比 PCG 快 1.7 倍，对于 UCIAdult 数据库，SMO 比 PCG 快 1500 倍。

基尔蒂（Keerthi）等人通过对 SVM 算法的分析，在文献 [60] 中对普拉特的 SVM 算法进行了重大改进，即在判别最优条件时用两个阈值代替一个阈值，从而使算法更加合理快捷，并在文献 [59] 中给出了收敛性的证明。通过实际数据库的对比，证明其确实比传统 SMO 算法快，同时也指出 SMO 算法可应用于回归时类似的问题。库勒贝雷特（Cooloberetc）将上述改进的 SMO 算法应用于分类和回归问题，实现了比 SVM light 更强的软件包。

徐志伟（Hsu C W）和林智仁（Lin C J）综合基尔蒂（Keerthi）修改过的 SMO 和 SVM 中的工作集选择算法[61]，用 C++ 实现了一个库 LIBSVM。可以说，这是使用最方便的 SVM 训练工具。LIBSVM 供用户选择的参数少。

有些方法考虑训练样本顺序加入，同时考虑其对支持向量有何影响。文献 [62] 提出基于感知机中的 Adatron 算法，采用梯度法对拉格朗日系数进行改变。文献 [63] 提出了另一种梯度顺序算法，特点是将 SVM 原问题中的偏置 b 也看作系数，从而使该梯度算法适合软间隔（Softmar-gin）和回归情形。

另一种对算法的研究方向是在线训练，即支持向量机的训练是在训练样本单个输入的情况下的训练。它和训练样本顺序加入方法的区别是训练样本的总的个数是未知的。最典型的应用是系统的在线辨识。文献 [64] 最早提出了 SVM 增量训练，但只是近似的增量，即每次只选一小批常规二次规划算法能处理的训练样本，然后只保留支持向量，抛弃非支持向量，和新进的样本混合进行训练，直到训练样本用完。实验表明，可以达到一定的误差范围之内。文献 [65] 提出了在线训练的精确解，即增加一个训练样本或减少一个样本对拉格朗日系数和支持向量机的影响，实验表明算法是有效的。该算法的缺点是当样本无限增多时，必须抛弃一些样本，使其能够实用。

此外，还有许多其他算法，如张学工 [66] 提出了 *C*–SVM 算法。该算法将每类训练样本集进行聚类分成若干子集，用子集中心组成新的训练样本集训练 SVM，将子集中心的系数赋给子集中每个样本，考查每个子集的每个样本的系数的改变对目标函数的影响。若一个子集所有样本对目标函数的影响都一样（不论改良与否），则进一步划分，直到没有新的拆分为止。其优点是提高了算法速度，同时减少了训练数据中的野值对分类结果的影响，缺点是牺牲了解的稀疏性。

随着研究的开展，SVM 理论在实际应用中的范围越来越广，并显示出优良的特性。在分类方面最突出的应用研究是贝尔实验室对美国邮政手写数字库进行的实验 [1–2]。这是一个可识别性较差的数据库，人工识别平均错误率为 2.5%，用决策树方法识别错误率为 16.2%，两层神经网络中错误率最小的为 5.9%，专门针对该特定问题设计的五层神经网络错误率为 5.1%（其中利用了大量先验知识），而用不同的 SVM 方法（即选取不同的核函数），直接采用字符点阵作为 SVM 的输入，在没有进行专门的特征提取的情况下得到的错误率最高为 4.2%。实验一方面说明了 SVM 方法较传统方法有明显的优势，同时也验证了不同的 SVM 方法可以得到性能相近的结果（不像神经网络那样依赖于模型的选择）；另一方面还观察到，三种 SVM 方法求出的支持向量中有 80% 以上是重合的，它们都只是总样本中很少的一部分，说明支持向量本身对不同方法具有一定的不敏感性。SVM 还成功应用到手写阿拉伯数字识别 [1]、文本自动分类 [6]、说话人识别 [7]、人脸检测 [8–9]、性别分类 [10]、计算机入侵检测 [11]、生物信息技术 [12]、遥感图像分析 [13]、目标识别等诸多实际问题中。

由于统计学习理论和支持向量机建立了一套较好的有限样本下机器学习的理论框架和通用方法（既有严格的理论基础，又能较好地解决小样本、非线性、高维数和局部极小点等实际问题），因此成为 20 世纪 90 年代末发展最快的研究方向之一，其核心思想就是学习机器要与有限的训练样本相适应。目前 SVM 研究中仍需要解决的难点包括以下 4 个方面。

（1）核函数和参数的构造和选择缺乏理论指导。核函数的选择影响着分类器的性能，如何根据待解决问题的先验知识和实际样本数据选择、构造合适的核函数并确定核函数的参数等问题，都缺乏相应的理论指导。

（2）训练大规模数据集的问题。如何解决训练速度与训练样本规模间的矛盾、测试速度与支持向量数目间的矛盾、找到对大规模样本集有效的训练算法和分类实现算法等问题仍未很好地解决。

（3）多类分类问题的有效算法与 SVM 优化设计问题。尽管训练多类 SVM 问题的算法已被提出，但用于多类分类问题时的有效算法、多类 SVM 的优化设计仍需要进一步研究。

（4）有效的增量学习算法问题。具有增量学习能力是许多在线训练、实时应用的关键，因而需要找到有效的增量学习算法，同时满足在线学习和期望风险控制的要求。

1.5　本书研究的主要内容和结构

本书研究的是分类问题的方法与应用。分类按其结果可分为两类问题和多类问题，而多类问题可转化为两类问题来求解，因此，我们重点讨论两类问题。目前分类的方法已有很多，如神经网络、贝叶斯决策和决策树等，这里研究的是支持向量机分类方法，即研究支持向量分类机。

支持向量分类机的标准形式，在最近几年的有关文献中已经出现，本书的第 2 章将对已有的支持向量机算法进行总结、归纳和比较。在此基础上，第 3 章将重点研究分类问题的支持向量回归机求解途径，把分类问题看作特殊的回归问题来处理，通过对 w 引入不同的范数及引入不同的损失函数，构建求解分类问题的支持向量回归机新模型，并对引入高斯损失函数得到的新模型，给出求解的简便方法——简化的 SMO 算法，随后对多类分类问题，提出了新的 *K*-SVCR 模型，数值试验表明该模型的有效性。第 4 章经过理论推导和分析，给出中心支持向量机的最优化问题，并给出有别于冯和曼格萨的、直观导出中心支持向量机的构建途径，在此基础上，首次构建了稀疏的、加权的、多类分类问题的和不确定的中心支持向量机，从而使中心支持向量分类机形成较完整的理论体系。第 5 章研究了推理型支持向量分类机。推理型支持向量分类机不仅依赖于训练集，还依赖于未知类别的测试集，因此，原始最优化问题的形式及求解都比较烦琐。因此，将原始优化问题变为无约束的优化问题，由此构建改进的和特殊类型的推理型支持向量机。第 6 章以实现海水工厂化养殖中养殖对象的生长环境监测为研究目标，选择名贵鱼种“大菱鲆”的生长环境为具体实例，把第 3~5 章给出的新模型运用到实例研究中，进行有效性检验和解决现实问题。第 7 章对 SVM 在其他领域的应用做了简单介绍。为了便于读者学习，本书最后给出了 5 个附录。

第 2 章　支持向量机的理论基础和模型

SVM 的理论基础包括统计学习理论、优化理论及核理论等。第 1 章介绍了统计学习理论和核理论的一些基本思想与概念，本章主要讨论 SVM 的优化理论基础及各种类型的已有 SVM 算法，并通过各种算法的归纳和比较，为后续章节提出新的 SVM 算法奠定理论基础。

2.1　支持向量机的优化理论基础

SVM 中的原始最优化问题与对偶问题都是凸规划问题，而且它是通过两个问题的解的关系来建立算法的，而算法最终需要解决的是一个凸二次规划问题，涉及优化问题的求解。因此，优化理论是 SVM 的主要理论基础之一。本节给出凸规划问题的理论，包括解的充分必要条件、对偶理论等。

2.1.1　凸约束问题解的充分必要条件——KKT 条件

定义 2.1 凸约束问题　称约束问题

$$\min f(\boldsymbol{x}), \boldsymbol{x} \in \mathbf{R}^n \tag{85}$$

$$\text{s.t.}\ \ c_i(\boldsymbol{x}) \leqslant 0, \quad i=1,2,\cdots,p \tag{86}$$

$$c_i(\boldsymbol{x}) = 0, \quad i = p+1, p+2, \cdots, p+q \tag{87}$$

为凸约束问题或凸最优化问题，如果其中的目标函数 $f(\boldsymbol{x})$ 和约束函数 $c_i(\boldsymbol{x})(i=1,2,\cdots,p)$ 都是凸函数，而 $c_i(\boldsymbol{x})(i=p+1,p+2,\cdots,p+q)$ 是线性函数。

定理 2.1　凸约束问题解的充要条件　考虑凸约束问题式（85）~式（87），其中 $f:\mathbf{R}^n \to \mathbf{R}$ 和 $c_i:\mathbf{R}^n \to \mathbf{R}$ $(i=1,2,\cdots,p)$ 都是可微凸函数，$c_i(\boldsymbol{x})$ $(i=p+1, p+2,\cdots,p+q)$ 是线性函数，且文献 [18] 中定义的任一个约束规格成立，则 $\bar{\boldsymbol{x}}$ 是该问题解的充分必要条件是 KKT 条件成立，即存在着 $\bar{\boldsymbol{\alpha}}=(\bar{\alpha}_1,\bar{\alpha}_2,\cdots,\bar{\alpha}_p)\in\mathbf{R}^p$，$\bar{\boldsymbol{\beta}}=(\bar{\beta}_{p+1},\bar{\beta}_{p+2},\cdots,\bar{\beta}_{p+q})\in\mathbf{R}^q$，使得

$$\nabla_{\boldsymbol{x}} L(\bar{\boldsymbol{x}},\bar{\boldsymbol{\alpha}},\bar{\boldsymbol{\beta}})=\nabla f(\bar{\boldsymbol{x}})+\sum_{i=1}^{p}\bar{\alpha}_i\nabla c_i(\bar{\boldsymbol{x}})+\sum_{i=p+1}^{p+q}\bar{\beta}_i\nabla c_i(\bar{\boldsymbol{x}})=0 \tag{88}$$

$$c_i(\bar{\boldsymbol{x}})\leqslant 0,\quad i=1,2,\cdots,p \tag{89}$$

$$c_i(\bar{\boldsymbol{x}})=0,\quad i=p+1,p+2,\cdots,p+q \tag{90}$$

$$\bar{\alpha}_i\geqslant 0,\quad i=1,2,\cdots,p \tag{91}$$

$$\bar{\alpha}_i c_i(\bar{\boldsymbol{x}})=0,\quad i=1,2,\cdots,p \tag{92}$$

定理 2.3 和定理 2.4 是定理 2.2 的直接推论。

定理 2.2　凸二次规划解的充要条件　考虑凸二次规划问题

$$\min\ \frac{1}{2}\boldsymbol{x}^{\mathrm{T}}\boldsymbol{G}\boldsymbol{x}+\boldsymbol{r}^{\mathrm{T}}\boldsymbol{x},\boldsymbol{x}\in\mathbf{R}^n \tag{93}$$

$$\text{s.t.}\ \ \boldsymbol{A}\boldsymbol{x}+\boldsymbol{d}\leqslant\boldsymbol{0} \tag{94}$$

其中 $\boldsymbol{G}$ 是 $n\times n$ 阶半正定矩阵，$\boldsymbol{A}$ 是 $p\times n$ 阶矩阵，则 $\bar{\boldsymbol{x}}$ 是该问题解的充分必要条件是存在 $\bar{\boldsymbol{\alpha}}=(\bar{\alpha}_1,\bar{\alpha}_2,\cdots,\bar{\alpha}_p)^{\mathrm{T}}\in\mathbf{R}^p$，使得

$$\nabla_{\boldsymbol{x}} L(\bar{\boldsymbol{x}},\bar{\boldsymbol{\alpha}})=\nabla_{\boldsymbol{x}}\left[\boldsymbol{r}^{\mathrm{T}}\boldsymbol{x}+\boldsymbol{\alpha}^{\mathrm{T}}(\boldsymbol{A}\boldsymbol{x}+\boldsymbol{d})+\frac{1}{2}\boldsymbol{x}^{\mathrm{T}}\boldsymbol{G}\boldsymbol{x}\right]\Bigg|_{(\bar{\boldsymbol{x}},\bar{\boldsymbol{\alpha}})}=\boldsymbol{G}\bar{\boldsymbol{x}}+\boldsymbol{A}^{\mathrm{T}}\bar{\boldsymbol{\alpha}}+\boldsymbol{r}=\boldsymbol{0} \tag{95}$$

$$\nabla_{\boldsymbol{\alpha}} L(\bar{\boldsymbol{x}},\bar{\boldsymbol{\alpha}})=\boldsymbol{A}\bar{\boldsymbol{x}}+\boldsymbol{d}\leqslant\boldsymbol{0} \tag{96}$$

$$\bar{\boldsymbol{\alpha}}^{\mathrm{T}}(\boldsymbol{A}\bar{\boldsymbol{x}}+\boldsymbol{d})=\boldsymbol{0} \tag{97}$$

$$\bar{\boldsymbol{\alpha}}\geqslant\boldsymbol{0} \tag{98}$$

定理 2.3　线性规划解的充要条件　考虑线性规划问题

$$\min \ \boldsymbol{r}^{\mathrm{T}}\boldsymbol{x}, \ \boldsymbol{x} \in \mathbf{R}^n \tag{99}$$

$$\text{s.t.} \ \ \boldsymbol{A}\boldsymbol{x} + \boldsymbol{d} \leqslant \mathbf{0} \tag{100}$$

其中 $\boldsymbol{r} \in \mathbf{R}^n, \boldsymbol{d} \in \mathbf{R}^p$，$\boldsymbol{A}$ 是 $p \times n$ 阶矩阵，则 $\bar{\boldsymbol{x}}$ 是该问题解的充分必要条件是存在 $\bar{\boldsymbol{\alpha}} = (\bar{\alpha}_1, \bar{\alpha}_2, \cdots, \bar{\alpha}_p) \in \mathbf{R}^p$，使得

$$\nabla_{\boldsymbol{x}} L(\bar{\boldsymbol{x}}, \bar{\boldsymbol{\alpha}}) = \nabla_{\boldsymbol{x}}[\boldsymbol{r}^{\mathrm{T}}\boldsymbol{x} + \boldsymbol{\alpha}^{\mathrm{T}}(\boldsymbol{A}\boldsymbol{x} + \boldsymbol{d})]|_{(\bar{\boldsymbol{x}}, \bar{\boldsymbol{\alpha}})} = \boldsymbol{A}^{\mathrm{T}}\bar{\boldsymbol{\alpha}} + \boldsymbol{r} = \mathbf{0} \tag{101}$$

$$\nabla_{\boldsymbol{\alpha}} L(\bar{\boldsymbol{x}}, \bar{\boldsymbol{\alpha}}) = \boldsymbol{A}\bar{\boldsymbol{x}} + \boldsymbol{d} \leqslant \mathbf{0} \tag{102}$$

$$\bar{\boldsymbol{\alpha}}^{\mathrm{T}}(\boldsymbol{A}\bar{\boldsymbol{x}} + \boldsymbol{d}) = \mathbf{0} \tag{103}$$

$$\bar{\boldsymbol{\alpha}} \geqslant \mathbf{0} \tag{104}$$

2.1.2　Wolfe 对偶

首先考虑只含有不等式约束的凸约束问题

$$\min f(\boldsymbol{x}) \tag{105}$$

$$\text{s.t.} \ \ c_i(\boldsymbol{x}) \geqslant 0, \quad i = 1, 2, \cdots, p \tag{106}$$

其中 f 和每一个 c_i 都是连续可微的凸函数，则问题式（105）和式（106）的 Wolfe 对偶问题为

$$\max_{\alpha, x} L(\boldsymbol{x}, \boldsymbol{\alpha}) \tag{107}$$

$$\text{s.t.} \ \ \nabla_x L(\boldsymbol{x}, \boldsymbol{\alpha}) = 0 \tag{108}$$

$$\boldsymbol{\alpha} \geqslant 0 \tag{109}$$

定理 2.4　Wolfe 对偶定理　考虑问题式（105）和式（106），且满足某一个约束规格 [18]。

（1）若原始问题式（105）和式（106）有解，则它的 Wolfe 对偶问题式（107）~式（109）也有解；

（2）若原始问题式（105）、式（106）和 Wolfe 对偶问题式（107）~

式（109）分别有可行解 $\bar{\boldsymbol{x}}$ 和 $\bar{\boldsymbol{\alpha}}$，则这两个可行解分别为原始问题和对偶问题的最优解的充要条件是它们相应的原始问题和对偶问题的目标函数值相等。

将上述结论推广到一般的凸约束问题式（85）~式（87），可得到相应的结论。

定理 2.5　凸约束问题的 Wolfe 对偶定理　考虑凸约束问题式（85）~式（87），其中 $f:\mathbf{R}^n \to \mathbf{R}$ 和 $c_i: \mathbf{R}^n \to \mathbf{R}$（$i=1, 2, \cdots, p$）都是可微凸函数，$c_i(\boldsymbol{x})$ $(i=p+1, p+2,\cdots, p+q)$ 是线性函数，且满足某一个约束规格[18]。

（1）若原始问题式（85）~式（87）有解，则它的 Wolfe 对偶问题也有解；

（2）若原始问题式（85）~式（87）和 Wolfe 对偶问题分别有可行解 $\bar{\boldsymbol{x}}$ 和 $(\bar{\boldsymbol{\alpha}},\bar{\boldsymbol{\beta}})$，则这两个可行解分别为原始问题和对偶问题的最优解的充要条件是它们相应的原始问题和对偶问题的目标函数值相等。

对二次规划问题和线性规划问题，分别有如下相应的结论。

定理 2.6　考虑二次规划问题

$$\min \frac{1}{2}\boldsymbol{x}^{\mathrm{T}}\boldsymbol{G}\boldsymbol{x}+\boldsymbol{r}^{\mathrm{T}}\boldsymbol{x} \tag{110}$$

$$\text{s.t. } \boldsymbol{A}\boldsymbol{x}+\boldsymbol{d}\leqslant \boldsymbol{0} \tag{111}$$

其中 $\boldsymbol{G}$ 是正定矩阵，$\boldsymbol{x},\boldsymbol{r}\in\mathbf{R}^n, \boldsymbol{A}\in\mathbf{R}^{m\times n}, \boldsymbol{d}\in\mathbf{R}^m$，则该问题的 Wolfe 对偶问题为

$$\max_{\alpha}\left\{-\frac{1}{2}\boldsymbol{\alpha}^{\mathrm{T}}(\boldsymbol{A}\boldsymbol{G}^{-1}\boldsymbol{A}^{\mathrm{T}})\boldsymbol{\alpha}+[\boldsymbol{d}^{\mathrm{T}}-\boldsymbol{r}^{\mathrm{T}}\boldsymbol{G}^{-1}\boldsymbol{A}^{\mathrm{T}}]\boldsymbol{\alpha}\right\} \tag{112}$$

$$\text{s.t. } \boldsymbol{\alpha}\geqslant\boldsymbol{0} \tag{113}$$

定理 2.7　如果原始问题式（110）和式（111）有可行解，则 $\boldsymbol{x}^*=-\boldsymbol{G}^{-1}(\boldsymbol{A}^{\mathrm{T}}\boldsymbol{\alpha}^*+\boldsymbol{r})$ 是它的解的充分必要条件是 $\boldsymbol{\alpha}^*$ 是对偶问题式（112）和式（113）的解。

定理 2.8　考虑线性规划问题

$$\min_{x} \boldsymbol{c}^{\mathrm{T}}\boldsymbol{x} \tag{114}$$

$$\text{s.t. } \boldsymbol{A}\boldsymbol{x}=\boldsymbol{b} \tag{115}$$

$$\boldsymbol{x} \geqslant \mathbf{0} \tag{116}$$

其中 $\boldsymbol{x},\boldsymbol{c} \in \mathbf{R}^n, \boldsymbol{A} \in \mathbf{R}^{m\times n}, \boldsymbol{b} \in \mathbf{R}^m$，则该问题的 Wolfe 对偶问题为

$$\max_{\boldsymbol{w}} \boldsymbol{b}^{\mathrm{T}}\boldsymbol{w} \tag{117}$$

$$\text{s.t.} \quad \boldsymbol{A}^{\mathrm{T}}\boldsymbol{x} = \boldsymbol{c} \tag{118}$$

定理 2.9　考虑线性规划问题式（114）~ 式（116），则 $\boldsymbol{w} \in \mathbf{R}^n$ 是此问题的最优解且 $\boldsymbol{w} \in \mathbf{R}^m$ 是对偶问题式（117）和式（118）的最优解的充要条件是存在 $\boldsymbol{r} \in \mathbf{R}^n$ 满足 KKT 条件

$$\boldsymbol{A}\boldsymbol{x} = \boldsymbol{b}, \boldsymbol{x} \geqslant \mathbf{0}\text{（原始可行）} \tag{119}$$

$$\boldsymbol{A}^{\mathrm{T}}\boldsymbol{w} + \boldsymbol{r} = \boldsymbol{c}, \boldsymbol{r} \geqslant \mathbf{0}\text{（对偶可行）} \tag{120}$$

$$\boldsymbol{r}^{\mathrm{T}}\boldsymbol{x} = \mathbf{0}\text{（补偿松驰）} \tag{121}$$

2.2　支持向量分类机的各种模型

本节给出解决分类问题的 SVM 的几种主要算法。每种算法都有其特性和优势，或者有一定适用范围的优化算法来求解。

2.2.1　*C*–SVM

设已知训练集

$$T = \{(\boldsymbol{x}_1, y_1), (\boldsymbol{x}_2, y_2), \cdots, (\boldsymbol{x}_l, y_l)\} \in (X \times Y)^l \tag{122}$$

其中 $\boldsymbol{x}_i \in X=\mathbf{R}^n$, $y_i \in Y=\{1,-1\}$ $(i=1, 2, \cdots, l)$。对于这样的分类问题，首先引进从输入空间 $\mathbf{R}^n$ 到希尔伯特空间 H 的变换

$$\Phi: \begin{array}{ccc} X = \mathbf{R}^n & \to & H \\ \boldsymbol{x} & \mapsto & \boldsymbol{\Phi}(\boldsymbol{x}) \end{array} \tag{123}$$

把训练集 T 映射为

$$\tilde{T} = \{(\boldsymbol{\Phi}(\boldsymbol{x}_1), y_1), \cdots, (\boldsymbol{\Phi}(\boldsymbol{x}_l), y_l)\} \tag{124}$$

然后在希尔伯特空间 H 中构造原始问题：

$$\min_{\boldsymbol{w}\in H, b\in\mathbf{R}, \xi\in\mathbf{R}^l} \frac{1}{2}\|\boldsymbol{w}\|^2 + C\sum_{i=1}^{l}\xi_i \tag{125}$$

$$\text{s.t.}\ \ y_i((\boldsymbol{w}\cdot\boldsymbol{x}_i)+b)\geqslant 1-\xi_i,\quad i=1,2,\cdots,l \tag{126}$$

$$\xi_i\geqslant 0,\quad i=1,2,\cdots,l \tag{127}$$

其中 $C>0$。

式（125）~式（127）的对偶问题为

$$\min_{\alpha}\frac{1}{2}\sum_{i=1}^{l}\sum_{j=1}^{l}y_i y_j\alpha_i\alpha_j K(\boldsymbol{x}_i,\boldsymbol{x}_j)-\sum_{j=1}^{l}\alpha_j \tag{128}$$

$$\text{s.t.}\ \ \sum_{i=1}^{l}y_i\alpha_i=0 \tag{129}$$

$$0\leqslant\alpha_i\leqslant C,\quad i=1,2,\cdots,l \tag{130}$$

其中 $K(\boldsymbol{x}_i,\boldsymbol{x}_j)$ 为对应于变换式（123）的核函数

$$K(\boldsymbol{x}_i,\boldsymbol{x}_j)=(\boldsymbol{\Phi}(\boldsymbol{x}_i)\cdot\boldsymbol{\Phi}(\boldsymbol{x}_j)) \tag{131}$$

通过求解上述对偶问题的最优解 $\boldsymbol{\alpha}^*=(\alpha_1^*,\alpha_2^*,\cdots,\alpha_l^*)^{\mathrm{T}}$，选取 $\boldsymbol{\alpha}^*$ 的一个正分量 $\boldsymbol{\alpha}_j^*$，$0<\alpha_j^*<C$，并据此计算阈值

$$b^*=y_j-\sum_{i=1}^{l}y_i\alpha_i^*K(\boldsymbol{x}_i,\boldsymbol{x}_j) \tag{132}$$

最后构造决策函数

$$f(\boldsymbol{x})=\mathrm{sgn}\left(\sum_{i=1}^{l}\alpha_i^*y_iK(\boldsymbol{x},\boldsymbol{x}_i)+b^*\right) \tag{133}$$

该算法称为 C-SVM。

2.2.2 C-SVM 的一种变形

原始问题式（125）~式（127）中，目标函数是 $\|\boldsymbol{w}\|^2/2+C\sum_{i=1}^{l}\xi_i$。如果用

$\sum_{i=1}^{l}\xi_i^2$ 代替 $\sum_{i=1}^{l}\xi_i$ ，原始问题就变为

$$\min_{\boldsymbol{w}\in H,b\in\mathbf{R},\xi\in\mathbf{R}^l}\frac{1}{2}\|\boldsymbol{w}\|^2+\frac{C}{2}\sum_{i=1}^{l}\xi_i^2 \tag{134}$$

$$\text{s.t. } y_i((\boldsymbol{w}\cdot\boldsymbol{x}_i)+b)\geqslant 1-\xi_i,\quad i=1,2,\cdots,l \tag{135}$$

$$\xi_i\geqslant 0,\quad i=1,2,\cdots,l \tag{136}$$

其中 $C>0$。

原始问题式（134）~（136）的对偶问题为

$$\min_{\alpha}\frac{1}{2}\sum_{i=1}^{l}\sum_{j=1}^{l}y_i y_j\alpha_i\alpha_j\left(K(\boldsymbol{x}_i,\boldsymbol{x}_j)+\frac{1}{C}\delta_{ij}\right)-\sum_{j=1}^{l}\alpha_j \tag{137}$$

$$\text{s.t. } \sum_{i=1}^{l}y_i\alpha_i=0 \tag{138}$$

$$\alpha_i\geqslant 0,\quad i=1,2,\cdots,l \tag{139}$$

其中

$$\delta_{ij}=\begin{cases}1, & i=j\\ 0, & i\neq j\end{cases} \tag{140}$$

通过求解上述对偶问题得到最优解 $\boldsymbol{\alpha}^*=(\alpha_1^*,\alpha_2^*,\cdots,\alpha_l^*)^{\mathrm{T}}$，选取 $\boldsymbol{\alpha}^*$ 的一个正分量 $\alpha_j^*>0$，并据此计算阈值

$$b^*=y_j\left(1-\frac{\alpha_j^*}{C}\right)-\sum_{i=1}^{l}y_i\alpha_i^*K(\boldsymbol{x}_i,\boldsymbol{x}_j) \tag{141}$$

构造决策函数

$$f(\boldsymbol{x})=\mathrm{sgn}\left(\sum_{i=1}^{l}\alpha_i^*y_iK(\boldsymbol{x},\boldsymbol{x}_i)+b^*\right) \tag{142}$$

2.2.3　有唯一解的 *C*–SVM

文献 [18] 讨论了标准 *C*–SCM 解的唯一性，给出了决策函数中 b 的不唯一

的条件和求解公式。如果将目标函数式（125）中加上一项 $b^2/2$，则原始问题变为

$$\min_{\boldsymbol{w}\in H, b\in\mathbf{R}, \xi\in\mathbf{R}^l} \frac{1}{2}(\|\boldsymbol{w}\|^2+b^2)+C\sum_{i=1}^{l}\xi_i \tag{143}$$

$$\text{s.t. } y_i((\boldsymbol{w}\cdot\boldsymbol{x}_i)+b)\geqslant 1-\xi_i,\quad i=1,2,\cdots,l \tag{144}$$

$$\xi_i\geqslant 0,\quad i=1,2,\cdots,l \tag{145}$$

其中 $C>0$。

问题式（143）~式（145）的对偶问题为

$$\min_{\boldsymbol{\alpha}} \frac{1}{2}\sum_{i=1}^{l}\sum_{j=1}^{l}y_i y_j\alpha_i\alpha_j(K(\boldsymbol{x}_i,\boldsymbol{x}_j)+1)-\sum_{j=1}^{l}\alpha_j \tag{146}$$

$$\text{s.t. } 0\leqslant\alpha_i\leqslant C,\quad i=1,2,\cdots,l \tag{147}$$

这是有唯一解的优化问题，与标准的 C–SVM 比较，该对偶问题少了等式约束条件，适合迭代求解，同时应用矩阵分解技术，每次只需更新 $\boldsymbol{\alpha}$ 的一个分量，提高了计算速度。

2.2.4 无约束的 *C*–SVM

如果将目标函数式（143）中的 ξ_i 取为 ξ_i^2，则问题变为

$$\min_{\boldsymbol{w},b,\xi} \frac{1}{2}(\|\boldsymbol{w}\|^2+b^2)+\frac{C}{2}\sum_{i=1}^{l}\xi_i^2 \tag{148}$$

$$\text{s.t. } y_i((\boldsymbol{w}\cdot\boldsymbol{x}_i)+b)\geqslant 1-\xi_i, i=1,2,\cdots,l \tag{140}$$

$$\xi_i\geqslant 0,\quad i=1,2,\cdots,l \tag{150}$$

可知该问题关于 ξ_i 的解 ξ_i^* 应满足

$$\xi_i^*=(1-y_i((\boldsymbol{w}\cdot\boldsymbol{x}_i)+b))_+,\quad i=1,2,\cdots,l \tag{151}$$

其中函数 $(\cdot)_+$ 是单变量函数，即

$$(\Delta)_+=\begin{cases}\Delta, & \Delta\geqslant 0\\ 0, & \Delta<0\end{cases} \tag{152}$$

把式（151）代入式（148）中，就得到了无约束最优化问题

$$\min_{w\in H,b}\ \frac{1}{2}(\|\boldsymbol{w}\|^2+b^2)+\frac{C}{2}\sum_{i=1}^{l}(1-y_i((\boldsymbol{w}\cdot\boldsymbol{x}_i)+b))_+^2 \tag{153}$$

上述问题是严格凸的无约束最优化问题，它有唯一的最优解。函数 $(\cdot)_+$ 是不可微的，需要用非光滑的无约束最优化方法求解。

如果希望用通常的无约束最优化方法求解，则考虑对目标函数进行光滑化，得到近似的最优化问题

$$\min_{w\in H,b}\ \frac{1}{2}(\|\boldsymbol{w}\|^2+b^2)+\frac{C}{2}\sum_{i=1}^{l}P(1-y_i(\boldsymbol{w}\cdot\boldsymbol{x}_i+b),\lambda)^2 \tag{154}$$

其中 $P(\cdot,\lambda)$ 是以 λ 为参数的函数

$$P(\Delta,\lambda)=\Delta+\frac{1}{\lambda}\log(1+\mathrm{e}^{-\lambda\Delta}) \tag{155}$$

当 λ 充分大时，光滑无约束问题式（154）和式（155）的解会近似于非光滑无约束问题式（153）的解。

通过引入核函数，并用 $\sum_{i=1}^{l}\alpha_i^2$ 代替 $\|\boldsymbol{w}\|^2$，可以得到带有核的光滑无约束问题

$$\min_{\boldsymbol{\alpha}\in\mathbf{R}^l,b\in\mathbf{R}}\ \frac{1}{2}\left(\sum_{i=1}^{l}\alpha_i^2+b^2\right)+\frac{C}{2}\sum_{i=1}^{l}P\left(1-y_i\left(\sum_{j=1}^{l}y_j\alpha_jK(\boldsymbol{x}_j,\boldsymbol{x}_i)+b\right),\lambda\right)^2 \tag{156}$$

该问题的目标函数具有连续的梯度和 Hessian 矩阵，而且是无约束的，可以用基本的无约束问题算法来求解。求得最优解 $(\boldsymbol{\alpha}^*,b^*)$ 后，便可构造出决策函数

$$f(\boldsymbol{x})=\mathrm{sgn}\left(\sum_{i=1}^{l}y_i\alpha_i^*K(\boldsymbol{x}_i,\boldsymbol{x})+b^*\right) \tag{157}$$

2.2.5　*ν*–SVM

该算法要解决的原始问题为

$$\min_{\boldsymbol{w}\in H,\rho,b\in\mathbf{R},\boldsymbol{\xi}\in\mathbf{R}^l} \tau(\boldsymbol{w},\boldsymbol{\xi},\rho)=\frac{1}{2}\|\boldsymbol{w}\|^2-v\rho+\frac{1}{l}\sum_{i=1}^{l}\xi_i \tag{158}$$

$$\text{s.t. } y_i((\boldsymbol{w}\cdot\boldsymbol{x}_i)+b)\geqslant\rho-\xi_i \tag{159}$$

$$\xi_i\geqslant 0,\quad i=1,2,\cdots,l,\quad \rho\leqslant 0 \tag{160}$$

它的对偶问题为

$$\min_{\boldsymbol{\alpha}} \frac{1}{2}\sum_{i=1}^{l}\sum_{j=1}^{l}y_i y_j\alpha_i\alpha_j K(\boldsymbol{x}_i,\boldsymbol{x}_j) \tag{161}$$

$$b^*=y_j-\sum_{i=1}^{l}y_i\alpha_i^* K(\boldsymbol{x}_i,\boldsymbol{x}_j) \tag{162}$$

$$0\leqslant\alpha_i\leqslant\frac{1}{l},\quad i=1,2,\cdots,l \tag{163}$$

$$\sum_{i=1}^{l}\alpha_i\geqslant v \tag{164}$$

求得其最优解为 $\boldsymbol{\alpha}^*=(\alpha_1^*,\alpha_2^*,\cdots,\alpha_l^*)^{\mathrm{T}}$，选取
$j\in S_+=\{i|\alpha_i^*\in(0,1/l),y_i=1\}$, $k\in S_-=\{i|\alpha_i^*\in(0,1/l),y_i=-1\}$，计算

$$b^*=-\frac{1}{2}\sum_{i=1}^{l}\alpha_i^* y_i(K(\boldsymbol{x}_i,\boldsymbol{x}_j)+K(\boldsymbol{x}_i,\boldsymbol{x}_k)) \tag{165}$$

最后构造决策函数 $f(\boldsymbol{x})=\mathrm{sgn}\left(\sum_{i=1}^{l}\alpha_i^* y_i K(\boldsymbol{x},\boldsymbol{x}_i)+b^*\right)$。

参数 v 比 C–SVM 中的参数 C 具有更直观的意义，便于选择。下面的定理给出了选择 v 的理论依据。

定理 2.10 设给定由 l 个样本点组成的训练集 T，并用算法 v–SVM 进行分类。若所得到的 $\rho^*>0$，则有以下结论。

（1）若记间隔错误样本点的个数为 p，则 $v\geqslant p/l$，即 v 是间隔错误样本点所占总样本数的份额的上界。

（2）若记支持向量的个数为 q，则 $v\leqslant q/l$，即 v 是支持向量的个数所占总

样本点数的份额的下界。

这里的间隔错误样本点，或者是两个超平面

$$(\boldsymbol{w}^* \cdot \boldsymbol{x}) + b^* = \rho^* \text{ 和 } (\boldsymbol{w}^* \cdot \boldsymbol{x}) + b^* = -\rho^* \tag{166}$$

形成的间隔内的点，或者是被决策函数 $y=\mathrm{sgn}((\boldsymbol{w}^* \cdot \boldsymbol{x}) + b^*)$ 分错的点。

2.2.6　ν-SVM 的一种变形

在目标函数式（158）中加上一项 $b^2/2$，则原始问题关于 $(\boldsymbol{w},b)$ 的解就是唯一的，此时原始问题为

$$\min_{\boldsymbol{w}\in H,\rho,b\in\mathbf{R},\boldsymbol{\xi}\in\mathbf{R}^l} \tau(\boldsymbol{w},\boldsymbol{\xi},\rho) = \frac{1}{2}(\|\boldsymbol{w}\|^2 + b^2) - \nu\rho + \frac{1}{l}\sum_{i=1}^{l}\xi_i \tag{167}$$

$$\text{s.t. } y_i((\boldsymbol{w} \cdot \boldsymbol{x}_i) + b) \geqslant \rho - \xi_i \tag{168}$$

$$\xi_i \geqslant 0, \quad i=1, 2, \cdots, l, \text{ 并且 } \rho \geqslant 0 \tag{169}$$

它的对偶问题为

$$\min_{\boldsymbol{\alpha}} \frac{1}{2}\sum_{i=1}^{l}\sum_{j=1}^{l} y_i y_j \alpha_i \alpha_j (K(\boldsymbol{x}_i, \boldsymbol{x}_j) + 1) \tag{170}$$

$$\text{s.t. } 0 \leqslant \alpha_i \leqslant \frac{1}{l}, \quad i = 1, 2, \cdots, l \tag{171}$$

$$\sum_{i=1}^{l} \alpha_i \geqslant \nu \tag{172}$$

对偶问题中少了等式约束，降低了计算的复杂性，其解法与具有唯一解的 C–SVM 方法类似。求得最优解 $(\boldsymbol{\alpha}^*, b^*)$ 后，便可构造出决策函数

$$f(\boldsymbol{x}) = \mathrm{sgn}\left(\sum_{i=1}^{l} y_i \alpha_i^* K(\boldsymbol{x}_i, \boldsymbol{x}) + b^*\right) \tag{173}$$

2.2.7 线性规划形式的支持向量分类机

在上述的算法中，最终得到的最优化问题都是凸二次规划。鉴于线性规划问题的研究已十分成熟，并有了十分有效的求解大型和超大型问题的算法，所以人们也建立了线性规划形式的支持向量分类算法。例如，与 C–SVM 相对应的线性规划问题为

$$\min_{\alpha^{(*)},\xi,b} \sum_{i=1}^{l}(\alpha_i+\alpha_i^*)+C\sum_{i=1}^{l}\xi_i \tag{174}$$

$$\text{s.t.}\quad y_i\left(\sum_{j=1}^{l}(\alpha_j-\alpha_j^*)K(\boldsymbol{x}_j,\boldsymbol{x}_i)+b\right)\geqslant 1-\xi_i \tag{175}$$

$$\alpha_i,\alpha_i^*,\xi_i\geqslant 0,\quad i=1,2,\cdots,l \tag{176}$$

与 v –SVM 相对应的线性规划问题为

$$\min_{\alpha^{(*)},\xi,b,\rho} \frac{1}{l}\sum_{i=1}^{l}\xi_i-v\rho \tag{177}$$

$$\text{s.t.}\quad \frac{1}{l}\sum_{i=1}^{l}(\alpha_i+\alpha_i^*)=1 \tag{178}$$

$$y_i\left(\sum_{j=1}^{l}(\alpha_j-\alpha_j^*)K(\boldsymbol{x}_j,\boldsymbol{x}_i)+b\right)\geqslant \rho-\xi_i \tag{179}$$

$$\alpha_i,\alpha_i^*,\xi_i,\rho\geqslant 0,\quad i=1,2,\cdots,l \tag{180}$$

求解这些优化问题，可得相应的决策函数。

2.2.8 加权的 *C*–SVM

如果训练集中正负类别的样本数量差异较大时，存在分类结果偏向数量较多的那一类的问题，因此我们希望对训练集中正负训练点赋予不同的权重。另外，希望对那些需要正确分类的重要样本赋予大的权重，对某些正确分类要

求低的样本赋予小的权重，这样则得到加权的 C–SVM。其原始问题为

$$\min_{\boldsymbol{w}\in H, b\in\mathbf{R}, \boldsymbol{\xi}\in\mathbf{R}^l} \frac{1}{2}\|\boldsymbol{w}\|^2 + \sum_{i=1}^{l} C_i \xi_i \tag{181}$$

$$\text{s.t.}\ y_i((\boldsymbol{w}\cdot\boldsymbol{x}_i)+b) \geqslant 1-\xi_i, \quad i=1,2,\ldots,l \tag{182}$$

$$\xi_i \geqslant 0, \quad i=1,2,\cdots,l \tag{183}$$

其中 $C_i > 0\ (i=1,2,\cdots,l)$。

式（181）~式（183）的对偶问题为

$$\min_{\boldsymbol{\alpha}} \frac{1}{2}\sum_{i=1}^{l}\sum_{j=1}^{l} y_i y_j \alpha_i \alpha_j K(\boldsymbol{x}_i, \boldsymbol{x}_j) - \sum_{j=1}^{l}\alpha_j \tag{184}$$

$$\text{s.t.}\ \sum_{i=1}^{l} y_i \alpha_i = 0 \tag{185}$$

$$0 \leqslant \alpha_i \leqslant C_i, \quad i=1,2,\cdots,l \tag{186}$$

求解此对偶问题，可得决策函数。

2.3　支持向量回归机的各种模型

对于回归问题，除了第 1 章介绍的 ε–SVR 之外，还有许多各具特点的 SVM 算法。

2.3.1　ν–SVR

在 ε–SVM 中，需要事先确定 ε– 不敏感损失函数中的参数。然而，与 C–SVM 中需要事先选定 C 的情形相似，在某些情况下选择合适的 ε 并不是一件容易的事情。于是，类似 ν–SVM，产生了 ν–SVR 算法，使其能够自动计算。

ν–SVR 的原始问题为

$$\min_{w\in\mathbf{R}^n,\xi^{(*)}\in\mathbf{R}^{2l},\varepsilon,b\in\mathbf{R}} \tau(\boldsymbol{w},\boldsymbol{\xi}^{(*)},\varepsilon)=\frac{1}{2}\|\boldsymbol{w}\|^2+C\cdot\left(v\varepsilon+\frac{1}{l}\sum_{i=1}^{l}(\xi_i+\xi_i^*)\right) \tag{187}$$

$$\text{s.t.}\quad ((\boldsymbol{w}\cdot\boldsymbol{x}_i)+b)-y_i\leqslant\varepsilon+\xi_i,\quad i=1,2,\cdots,l \tag{188}$$

$$y_i-((\boldsymbol{w}\cdot\boldsymbol{x}_i)+b)\leqslant\varepsilon+\xi_i^*,\quad i=1,2,\cdots,l \tag{189}$$

$$\xi_i^{(*)}\geqslant 0,\varepsilon\geqslant 0,\quad i=1,2,\cdots,l \tag{190}$$

其中 $\boldsymbol{\xi}^{(*)}=(\xi_1,\xi_1^*,\xi_2,\xi_2^*,\cdots,\xi_l,\xi_l^*)^{\mathrm{T}}$。与 ε–SVR 不同，这里的 ε 是作为优化问题的变量出现的，其值将作为解的一部分给出。

其对偶问题为

$$\min_{\alpha^{(*)}\in\mathbf{R}^{2l}} W(\boldsymbol{\alpha}^{(*)})=\frac{1}{2}\sum_{i,j=1}^{l}(\alpha_i^*-\alpha_i)(\alpha_j^*-\alpha_j)K(\boldsymbol{x}_i,\boldsymbol{x}_j)-\sum_{i=1}^{l}(\alpha_i^*-\alpha_i)y_i \tag{191}$$

$$\text{s.t.}\quad \sum_{i=1}^{l}(\alpha_i-\alpha_i^*)=0 \tag{192}$$

$$0\leqslant\alpha_i^{(*)}\leqslant\frac{C}{l},\quad i=1,2,\cdots,l \tag{193}$$

$$\sum_{i=1}^{l}(\alpha_i+\alpha_i^*)\leqslant C\cdot v \tag{194}$$

其中 $v\,(\geqslant 0)$ 和 $C\,(>0)$ 是常数。

求解对偶问题得到最优解 $\bar{\boldsymbol{\alpha}}^{(*)}=(\bar{\alpha}_1,\bar{\alpha}_1^*,\bar{\alpha}_2,\bar{\alpha}_2^*,\cdots,\bar{\alpha}_l,\bar{\alpha}_l^*)^{\mathrm{T}}$。构造决策函数

$$f(\boldsymbol{x})=\sum_{i=1}^{l}(\alpha_i^*-\alpha_i)K(\boldsymbol{x}_i,\boldsymbol{x})+b^* \tag{195}$$

其中 b^* 按式（196）计算，选择 $\bar{\boldsymbol{\alpha}}^{(*)}$ 的位于开区间 $(0,C/l)$ 中的两个分量 $\bar{\alpha}_j$ 和 $\bar{\alpha}_k^*$，令

$$b^*=\frac{1}{2}\left[y_j+y_k-\left(\sum_{i=1}^{l}(\bar{\alpha}_i^*-\bar{\alpha}_i)K(\boldsymbol{x}_i,\boldsymbol{x}_j)+\sum_{i=1}^{l}(\bar{\alpha}_i^*-\bar{\alpha}_i)K(\boldsymbol{x}_i,\boldsymbol{x}_k)\right)\right] \tag{196}$$

如果还需计算 ε^*，可以使用式（196）对应的公式

$$\varepsilon^* = \sum_{i=1}^{l}(\bar{\alpha}_i^* - \bar{\alpha}_i)K(\boldsymbol{x}_i, \boldsymbol{x}_j) + b^* - y_j \tag{197}$$

或

$$\varepsilon^* = y_k - \sum_{i=1}^{l}(\bar{\alpha}_i^* - \bar{\alpha}_i)K(\boldsymbol{x}_i, \boldsymbol{x}_k) - b^* \tag{198}$$

类似于 v–SVM，这里的 v 也具有一些直观的意义。

定理 2.11　设已知训练集 $T = \{(\boldsymbol{x}_1, y_1), (\boldsymbol{x}_2, y_2), \cdots, (\boldsymbol{x}_l, y_l)\} \in (X \times Y)^l$，其中 $\boldsymbol{x}_i \in X = \mathbf{R}^n, y_i \in Y = \mathbf{R}\ (i = 1, 2, \cdots, l)$，并用 v–SVR 进行回归。若所得到的 ε^* 值非零，则有如下结论。

（1）若记支持向量的个数为 p，则 $v \leqslant p/l$，即 v 是支持向量的个数所占总样本点数的份额的下界。

（2）若记错误样本的个数为 q，则 $v \geqslant q/l$，即 v 是错误样本的个数所占总样本点数的份额的上界。

这里的错误样本点和支持向量的定义如下。

定义 2.2　如果对偶问题式（191）~ 式（194）的解 $\boldsymbol{\alpha}^{(*)} = (\alpha_1, \alpha_1^*, \alpha_2, \alpha_2^*, \cdots, \alpha_l, \alpha_l^*)^{\mathrm{T}}$ 所对应的分量 $\alpha_i \neq 0$ 或分量 $\alpha_i^* \neq 0$，称训练集 T 中的样本点 $(\boldsymbol{x}_i, y_i)$ 所对应的输入 $\boldsymbol{x}_i$ 为支持向量。

定义 2.3　设 $(\boldsymbol{w}, b, \varepsilon, \boldsymbol{\xi}^{(*)})$ 为原始问题式（187）~ 式（190）的解。如果 $\boldsymbol{\xi}^{(*)} = (\xi_1, \xi_1^*, \xi_2, \xi_2^*, \cdots, \xi_l, \xi_l^*)^{\mathrm{T}}$ 满足 $\xi_i \neq 0$ 或 $\xi_i^* \neq 0$，称训练集 T 中的样本点 $(\boldsymbol{x}_i, y_i)$ 为错误样本点。

2.3.2　利用其他损失函数的支持向量回归机

ε–SVR 和 v–SVR 应用的损失函数都是 ε– 不敏感损失函数，也有利用其他损失函数的支持向量回归机。常用的损失函数如表 2.1 所示。

表 2.1 常用的损失函数

损失函数名称	损失函数表达式 $\tilde{c}(\xi_i)$
拉普拉斯	$\|\xi_i\|$
高斯	$\frac{1}{2}\xi_i^2$
Huber's 鲁棒损失	$\begin{cases}\frac{1}{2\sigma}(\xi_i)^2, 当\xi_i\|\leqslant\sigma时\\ \|\xi_i\|-\frac{\sigma}{2}, 其他\end{cases}$
多项式	$\frac{1}{p}\|\xi_i\|^p$
分段多项式	$\begin{cases}\frac{1}{p\sigma^{p-1}}\|\xi_i\|^p, 当\|\xi_i\|\leqslant\sigma时\\ \|\xi_i\|-\sigma\frac{p-1}{p}, 其他\end{cases}$

此时原始问题变为

$$\min_{w\in\mathbf{R}^n,\xi^{(*)}\in\mathbf{R}^{2l},b\in\mathbf{R}} \frac{1}{2}\|\boldsymbol{w}\|^2+C\sum_{i=1}^{l}(\tilde{c}(\xi_i)+\tilde{c}(\xi_i^*)) \tag{199}$$

$$\text{s.t.}\quad ((\boldsymbol{w}\cdot\boldsymbol{x}_i)+b)-y_i\leqslant\xi_i,\quad i=1,2,\cdots,l \tag{200}$$

$$y_i-((\boldsymbol{w}\cdot\boldsymbol{x}_i)+b)\leqslant\xi_i^*,\quad i=1,2,\cdots,l \tag{201}$$

$$\xi_i^{(*)}\geqslant 0,\quad i=1,2,\cdots,l \tag{202}$$

其中的$\tilde{c}$可以取表 2.1 中的任意一种损失函数。

其对偶问题为

$$\min_{\alpha^{(*)}\in\mathbf{R}^{2l}} \frac{1}{2}\sum_{i,j=1}^{l}(\alpha_i^*-\alpha_i)(\alpha_j^*-\alpha_j)(\boldsymbol{x}_i\cdot\boldsymbol{x}_j)-\sum_{i=1}^{l}y_i(\alpha_i^*-\alpha_i)-C\sum_{i=1}^{l}(T(\bar{\xi}_i^*)+T(\bar{\xi}_i)) \tag{203}$$

$$\text{s.t.}\quad \sum_{i=1}^{l}(\alpha_i-\alpha_i^*)=0 \tag{204}$$

$$\alpha_i^{(*)} \leqslant C\frac{\mathrm{d}\tilde{c}(\xi_i^{(*)})}{\mathrm{d}\xi_i^{(*)}}, i=1,2,\cdots,l \tag{205}$$

$$\bar{\xi}_i^{(*)} = \inf\left\{\xi_i^{(*)} \mid C\frac{\mathrm{d}\tilde{c}(\xi_i^{(*)})}{\mathrm{d}\xi_i^{(*)}} \geqslant \alpha_i^{(*)}\right\} \tag{206}$$

$$\boldsymbol{\alpha}^{(*)}, \bar{\boldsymbol{\xi}}^{(*)} \geqslant \mathbf{0} \tag{207}$$

其中

$$T(\bar{\xi}_i^{(*)}) = \tilde{c}(\bar{\xi}_i^{(*)}) - \bar{\xi}_i^{(*)}\frac{\mathrm{d}\tilde{c}(\bar{\xi}_i^{(*)})}{\mathrm{d}\bar{\xi}_i^{(*)}} \tag{208}$$

在后面的研究中，我们将对应用不同损失函数的支持向量回归机进行细致的探讨。

2.3.3　线性规划形式的支持向量回归机

与支持向量分类机类似，也有相应的线性规划形式的支持向量回归机。线性规划形式的 ε–SVR 的最优化问题为

$$\min_{\alpha^{(*)},\xi^{(*)},b} \frac{1}{l}\sum_{i=1}^{l}(\alpha_i + \alpha_i^*) + \frac{C}{l}\sum_{i=1}^{l}(\xi_i + \xi_i^*) \tag{209}$$

$$\text{s.t.}\quad \sum_{i=1}^{l}(\alpha_i^* - \alpha_i)K(\boldsymbol{x}_i, \boldsymbol{x}_j) + b - y_j \leqslant \varepsilon + \xi_j, \quad j=1,2,\cdots,l \tag{210}$$

$$y_j - \sum_{i=1}^{l}(\alpha_i^* - \alpha_i)K(\boldsymbol{x}_i, \boldsymbol{x}_j) - b \leqslant \varepsilon + \xi_j^*, \quad j=1,2,\cdots,l \tag{211}$$

$$\alpha_i^{(*)}, \xi_i^{(*)} \geqslant 0, \quad i=1,2,\cdots,l \tag{212}$$

求得这个问题的解 $(\boldsymbol{\alpha}^{(*)}, \boldsymbol{\xi}^{(*)}, b)$ 后，便可构造决策函数。

线性规划形式的 v –SVR 的最优化问题为

$$\min_{\alpha^{(*)},\xi^{(*)},\varepsilon,b} \frac{1}{l}\sum_{i=1}^{l}(\alpha_i + \alpha_i^*) + \frac{C}{l}\sum_{i=1}^{l}(\xi_i + \xi_i^*) + Cv\varepsilon \tag{213}$$

$$\text{s.t.}\ \sum_{i=1}^{l}(\alpha_i^*-\alpha_i)K(\boldsymbol{x}_i,\boldsymbol{x}_j)+b-y_j\leqslant\varepsilon+\xi_j,\quad j=1,2,\cdots,l \tag{214}$$

$$y_j-\sum_{i=1}^{l}(\alpha_i^*-\alpha_i)K(\boldsymbol{x}_i,\boldsymbol{x}_j)-b\leqslant\varepsilon+\xi_j^*,\quad j=1,2,\cdots,l \tag{215}$$

$$\alpha_i^{(*)},\xi_i^{(*)},\varepsilon\geqslant 0,\quad i=1,2,\cdots,l \tag{216}$$

求得这个问题的解 $(\bar{\boldsymbol{\alpha}}^{(*)},\bar{\boldsymbol{\xi}}^{(*)},\bar{b})$ 后，便可构造决策函数。

从上面的两个模型可以看到，它们是利用关系式

$$\boldsymbol{w}=\sum_{i=1}^{l}(\alpha_i^*-\alpha_i)\boldsymbol{x}_i \tag{217}$$

把原来标准支持向量回归机的最优化问题目标函数中的 $\|\boldsymbol{w}\|^2$ 用 $\sum_{i=1}^{l}(\alpha_i+\alpha_i^*)$ 来代替，把约束中的 $(\boldsymbol{w}\cdot\boldsymbol{x}_i)$ 用 $\sum_{i=1}^{l}(\alpha_i^*-\alpha_i)K(\boldsymbol{x},\boldsymbol{x}_i)$ 来代替得到的。

2.4 小结

在这一章中，我们首先介绍了作为 SVM 理论基础之一的凸规划问题。在讨论一般凸约束问题解的充要条件、Wolfe 对偶理论之后，将以后各章用到的凸二次规划问题和线性规划问题作为特例，直接给出了它们解的充要条件和 Wolfe 对偶的相关结论；其次，介绍了支持向量分类机已有的几种主要算法，如 C–SVM 及其变形、ν–SVM 及其变形，同时引入了几种特殊形式的 SVM，如有唯一解的、无约束的、加权的和线性规划形式的 C–SVM；最后，在第 1 章介绍 ε–SVR 的基础上，归纳了 SVR 其他形式的算法，如 ν–SVR 和线性规划形式的 SVR，并介绍了 SVM 和 SVR 中参数 ν 的意义及各种形式的损失函数。这就为以后各章进一步研究和建立新的 SVM 算法提供了理论依据，奠定了必要的基础。

第 3 章　分类问题的支持向量回归机求解途径

在第 2 章已有 SVM 模型的基础上，本章将研究探索构建求解分类问题的 SVM 的新途径。其基本思想是：把分类问题看作一类特殊的回归问题，利用构建支持向量回归机的思想和方法，建立分类问题的 SVM 算法。事实上，由分类问题和回归问题的数学语言描述不难看出，它们都是给定一个训练集 $T=\{(\boldsymbol{x}_1, y_1),(\boldsymbol{x}_2, y_2),\cdots,(\boldsymbol{x}_l, y_l)\} \in (X\times Y)^l$，寻找 $X=\mathbf{R}^n$ 上的一个实值函数 $f(\boldsymbol{x})$，以便用 $y=f(\boldsymbol{x})$ 来推断任一模式 $\boldsymbol{x}$ 所对应的 y 值。不同之处仅在于它们的输出 y_i 和 Y 的范围：在分类问题中 y_i 只取 -1 和 1 两个值，即 $Y=\{-1,1\}$；而在回归问题中，y_i 可以取任何实数，即 $Y=\mathbf{R}$。因此，分类问题是特殊的回归问题。

当然，在利用支持向量回归机的思路和方法构建分类问题的 SVM 时，选择不同的损失函数及对 $\boldsymbol{w}$ 采用不同的模型，会得到不同的问题形式。下面我们先给出一般形式的模型，然后研究采用高斯损失函数和拉普拉斯损失函数时模型的特殊性质，并研究相应的最优化问题求解的简便算法，同时对新模型进行解决实际分类问题的有效性检验。进一步，对多类分类问题，基于文献 [15] 提出的 K–SVCR，构建线性规划形式的 K–SVR 算法，并用数值试验验证该算法在运行速度上的优越性。

3.1　一般形式的支持向量回归机模型

第 2 章介绍了使用 ε– 不敏感损失函数的 ε–SVR。现在给出使用一般损失函数及对 $\boldsymbol{w}$ 采用 p 模型时的支持向量回归机模型。

$$\min_{w\in\mathbf{R}^n,\xi^{(*)}\in\mathbf{R}^{2l},b\in\mathbf{R}} \frac{1}{2}\|\boldsymbol{w}\|^2 + C\sum_{i=1}^{l}(\tilde{c}(\xi_i)+\tilde{c}(\xi_i^*)) \tag{218}$$

$$\text{s.t.}\quad ((\boldsymbol{w}\cdot\boldsymbol{x}_i)+b)-y_i \leqslant \xi_i,\quad i=1,2,\cdots,l \tag{219}$$

$$y_i-((\boldsymbol{w}\cdot\boldsymbol{x}_i)+b) \leqslant \xi_i^*,\quad i=1,2,\cdots,l \tag{220}$$

$$\xi_i^{(*)} \geqslant 0,\quad i=1,2,\cdots,l \tag{221}$$

其中 $\tilde{c}$ 可以取表 2.1 中的任意一种损失函数。

定理 3.1 设问题式（218）~ 式（221）的最优解为 $(\boldsymbol{w},b,\boldsymbol{\xi}^{(*)})$，则 $\xi_i\xi_i^*=0\ (i=1,2,\cdots,l)$。

证明：若存在 $\xi_i>0$，则根据约束条件式（219）可知

$$((\boldsymbol{w}\cdot\boldsymbol{x}_i)+b)-y_i \leqslant \xi_i \tag{222}$$

由约束条件式（220）有

$$-\xi_i \leqslant y_i-((\boldsymbol{w}\cdot\boldsymbol{x}_i)+b) \leqslant \xi_i^* \tag{223}$$

因为目标函数中 $\tilde{c}(\xi_i^*)$ 是关于 ξ_i^* 的凸函数，所以必然有 $\xi_i^*=0$。

对 ξ_i^* 有类似的讨论，所以有 $\xi_i\xi_i^*=0\ (i=1,2,\cdots,l)$。

上述定理说明问题式（218）~ 式（221）关于 $\boldsymbol{\xi}^{(*)}$ 的解满足 ξ_i 和 ξ_i^* 中至少有一个为 0，由此可以推想，在问题式（218）~ 式（221）中对每个训练点只引入一个松弛变量 $\xi_i\ (i=1,2,\cdots,l)$，并且目标函数中的第 2 项变为 $C\sum_{i=1}^{l}\tilde{c}(\xi_i)/2$ 时，最后得到的最优解与求解问题式（218）~ 式（221）得到的最优解应该相同。此时的原始最优化问题变为

$$\min_{w,\xi,b}\|\boldsymbol{w}\|_p + \frac{C}{2}\sum_{i=1}^{l}\tilde{c}(\xi_i) \tag{224}$$

$$\text{s.t.}\quad ((\boldsymbol{w}\cdot\boldsymbol{x}_i)+b)-y_i \leqslant \xi_i,\quad i=1,2,\cdots,l \tag{225}$$

$$y_i-((\boldsymbol{w}\cdot\boldsymbol{x}_i)+b) \leqslant \xi_i,\quad i=1,2,\cdots,l \tag{226}$$

$$\xi_i \geqslant 0, \quad i=1,2,\cdots,l \tag{227}$$

下面给出 $\|w\|_p$ 取 $\|w\|_2$、$\|w\|_1$ 及损失函数分别取高斯损失函数、拉普拉斯损失函数时相应的模型，并研究其性质。

3.2　使用高斯损失函数的支持向量回归机模型

当原始问题式（218）~ 式（221）中取 $\|w\|^2$ 并且选取高斯损失函数

$$\tilde{c}(\xi_i)=\frac{1}{2}\xi_i^2 \tag{228}$$

时，其变为

$$\min_{w,\xi^{(*)},b} \frac{1}{2}\|w\|^2+\frac{C}{2}\sum_{i=1}^{l}(\xi_i^2+\xi_i^{*2}) \tag{229}$$

$$\text{s.t.} \quad ((w\cdot x_i)+b)-y_i \leqslant \xi_i, \quad i=1,2,\cdots,l \tag{230}$$

$$y_i-((w\cdot x_i)+b)\leqslant \xi_i^*, \quad i=1,2,\cdots,l \tag{231}$$

$$\xi_i^{(*)} \geqslant 0, \quad i=1,2,\cdots,l \tag{232}$$

其中样本点 (x_i, y_i) 处的损失为

$$c_i=\frac{1}{2}\xi_i^2+\frac{1}{2}\xi_i^{*2}, \quad i=1,2,\cdots,l \tag{233}$$

问题式（229）~ 式（232）的对偶问题为

$$\min_{\alpha^{(*)}\in \mathbf{R}^{2l}} \frac{1}{2}\sum_{i,j=1}^{l}(\alpha_i^*-\alpha_i)(\alpha_j^*-\alpha_j)(x_i\cdot x_j)+\frac{1}{2C}\sum_{i=1}^{l}(\alpha_i^2+\alpha_i^{*2})-\sum_{i=1}^{l}y_i(\alpha_i^*-\alpha_i) \tag{234}$$

$$\text{s.t.} \quad \sum_{i=1}^{l}(\alpha_i-\alpha_i^*)=0 \tag{235}$$

$$\alpha_i,\alpha_i^* \geqslant 0, \quad i=1,2,\cdots,l \tag{236}$$

如果要把原始最优化问题替代为式（224）~ 式（227）的形式，即为

$$\min_{w,\xi,b}\frac{1}{2}\|\boldsymbol{w}\|^2+\frac{C}{2}\sum_{i=1}^{l}\xi_i^2 \qquad (237)$$

$$\text{s.t.}\quad ((\boldsymbol{w}\cdot\boldsymbol{x}_i)+b)-y_i\leqslant\xi_i,\quad i=1,2,\cdots,l \qquad (238)$$

$$y_i-((\boldsymbol{w}\cdot\boldsymbol{x}_i)+b)\leqslant\xi_i,\quad i=1,2,\cdots,l \qquad (239)$$

$$\xi_i\geqslant 0,\quad i=1,2,\cdots,l \qquad (240)$$

需要证明问题式（237）~式（240）与问题式（229）~式（232）有相同的解，为此首先引入问题式（237）~式（240）的对偶问题。

定理 3.2 问题式（237）~式（240）的对偶问题为

$$\min_{\alpha^{(*)}\in\mathbf{R}^{2l}}\frac{1}{2}\sum_{i,j=1}^{l}(\alpha_i^*-\alpha_i)(\alpha_j^*-\alpha_j)(\boldsymbol{x}_i\cdot\boldsymbol{x}_j)+\frac{1}{2C}\sum_{i=1}^{l}(\alpha_i+\alpha_i^*)^2-\sum_{i=1}^{l}y_i(\alpha_i^*-\alpha_i) \qquad (241)$$

$$\text{s.t.}\quad \sum_{i=1}^{l}(\alpha_i-\alpha_i^*)=0 \qquad (242)$$

$$\alpha_i,\alpha_i^*\geqslant 0,\quad i=1,2,\cdots,l \qquad (243)$$

证明：问题式（237）~式（240）相应的拉格朗日函数为

$$L(\boldsymbol{w},b,\boldsymbol{\xi},\boldsymbol{\alpha})=\frac{1}{2}\|\boldsymbol{w}\|^2+\frac{C}{2}\sum_{i=1}^{l}\xi_i^2-\sum_{i=1}^{l}\alpha_i(\xi_i+y_i-(\boldsymbol{w}\cdot\boldsymbol{x}_i)-b)$$
$$-\sum_{i=1}^{l}\alpha_i^*(\xi_i-y_i+(\boldsymbol{w}\cdot\boldsymbol{x}_i)+b) \qquad (244)$$

式（244）中的拉格朗日乘子满足 $\alpha_i^{(*)}\geqslant 0$，分别对 b、$\boldsymbol{w}$ 和 $\boldsymbol{\xi}$ 求偏导数并令它们分别为 0 或 $\mathbf{0}$，得到

$$\nabla_b L=\sum_{i=1}^{l}(\alpha_i-\alpha_i^*)=0 \qquad (245)$$

$$\nabla_w L=\boldsymbol{w}-\sum_{i=1}^{l}(\alpha_i^*-\alpha_i)\boldsymbol{x}_i=\mathbf{0} \qquad (246)$$

$$\nabla_{\xi^{(*)}}L=C\boldsymbol{\xi}-\boldsymbol{\alpha}-\boldsymbol{\alpha}^*=\mathbf{0} \qquad (247)$$

将式（245）~式（247）代入式（244）中，并对它关于 $\boldsymbol{\alpha}^{(*)}$ 求极大值，就得到

对偶问题式（241）~ 式（243）。

此时有下面的定理成立。

定理 3.3　若 $\boldsymbol{\alpha}^{(*)}$ 是问题式（241）~式（243）的解，则有 $(\alpha_i+\alpha_i^*)^2=\alpha_i^2+\alpha_i^{*2}$，$i=1, 2, \cdots, l$。

证明：要证明定理的结论成立，只需证明若 $\boldsymbol{\alpha}^{(*)}$ 是问题式（241）~ 式（243）的解，则必然有 $\alpha_i\alpha_i^{(*)}=0$。

若 $\alpha_i>0$，根据 KKT 条件

$$\alpha_i(\xi_i+y_i-(\boldsymbol{w}\cdot\boldsymbol{x}_i)-b)=0$$

$$C\xi_i=\alpha_i+\alpha_i^*>0 \tag{248}$$

得到

$$\xi_i=-y_i+(\boldsymbol{w}\cdot\boldsymbol{x}_i)+b>0 \tag{249}$$

而又根据 KKT 条件

$$\alpha_i^*(\xi_i-y_i+(\boldsymbol{w}\cdot\boldsymbol{x}_i)-b)=2\alpha_i^*\xi_i=0 \tag{250}$$

可知 $\alpha_i^*=0$。反之，当 $\alpha_i^*>0$ 时必然有 $\alpha_i=0$。

由此可得

$$(\alpha_i+\alpha_i^*)^2=\alpha_i^2+\alpha_i^{*2}+2\alpha_i\alpha_i^*=\alpha_i^2+\alpha_i^{*2} \tag{251}$$

根据定理 3.2 可得以下推论。

推论 3.1　问题式（241）~ 式（243）与问题式（234）~ 式（236）等价。

从而求解对偶问题式（241）~ 式（243）得到最优解 $\alpha_i^{(*)}$，可以构造出原始问题式（237）~ 式（240）的解 $(\boldsymbol{w}^*, b^*)$，它与通过求解对偶问题式（234）~ 式（236）构造出的原始问题式（229）~ 式（232）的解是一样的。

下面依据原始问题式（237）~ 式（240）建立求解分类问题的回归模型。

3.3　求解分类问题的支持向量回归机模型

分类问题是已知训练集

$$T=\{(\boldsymbol{x}_1,y_1),(\boldsymbol{x}_2,y_2),\cdots,(\boldsymbol{x}_l,y_l)\}\in(X\times Y)^l \tag{252}$$

其中 $\boldsymbol{x}_i\in X=\mathbf{R}^n, y_i\in Y=\{1,-1\}, i=1,2,\cdots,l$。寻找 $X=\mathbf{R}^n$ 上的一个实值函数 $g(\boldsymbol{x})$，以便用决策函数

$$f(\boldsymbol{x})=\operatorname{sgn}(g(\boldsymbol{x})) \tag{253}$$

推断任一模式 $\boldsymbol{x}$ 相对应的 y 值。将该定义与回归问题的定义比较，可以把分类问题看作一类特殊的回归问题，因此可以利用支持向量回归机来求解。

3.3.1 原始最优化问题与对偶问题

现在考虑将分类问题看作回归问题，因为 y_i 在 $\{-1,1\}$ 中取值，这里不再选取 ε- 不敏感损失函数，而是选取高斯损失函数，此时原始最优化问题形式即为 3.2 节推导出的问题式（237）~式（240），即

$$\min_{\boldsymbol{w},\xi,b}\frac{1}{2}\|\boldsymbol{w}\|^2+\frac{C}{2}\sum_{i=1}^{l}\xi_i^2 \tag{254}$$

$$\text{s.t.}\quad ((\boldsymbol{w}\cdot\boldsymbol{x}_i)+b)-y_i\leqslant\xi_i,\quad i=1,2,\cdots,l \tag{255}$$

$$y_i-((\boldsymbol{w}\cdot\boldsymbol{x}_i)+b)\leqslant\xi_i,\quad i=1,2,\cdots,l \tag{256}$$

$$\xi_i\geqslant 0,\quad i=1,2,\cdots,l \tag{257}$$

问题式（254）~式（257）等价于

$$\min_{\boldsymbol{w},\xi,b}\frac{1}{2}\|\boldsymbol{w}\|^2+\frac{C}{2}\sum_{i=1}^{l}\xi_i^2 \tag{258}$$

$$\text{s.t.}\quad \xi_i\geqslant|((\boldsymbol{w}\cdot\boldsymbol{x}_i)+b)-y_i|,\quad i=1,2,\cdots,l \tag{259}$$

显然，问题中的约束可以写为等式，则问题式（258）和式（259）等价于

$$\min_{\boldsymbol{w},b}\frac{1}{2}\|\boldsymbol{w}\|^2+\frac{C}{2}\sum_{i=1}^{l}(y_i((\boldsymbol{w}\cdot\boldsymbol{x}_i)+b)-1)^2 \tag{260}$$

令

$$\eta_i=1-y_i((\boldsymbol{w}\cdot\boldsymbol{x}_i)+b) \tag{261}$$

则上述问题可写为

$$\min_{w,\eta,b}\frac{1}{2}\|\boldsymbol{w}\|^2+\frac{C}{2}\sum_{i=1}^{l}\eta_i^2 \tag{262}$$

$$\text{s.t.}\quad y_i((\boldsymbol{w}\cdot\boldsymbol{x}_i)+b)=1-\eta_i,\quad i=1,2,\cdots,l \tag{263}$$

该问题恰为最小二乘支持向量机中的原始最优化问题 [48]。

下面讨论该问题及其对偶问题的解的性质，并据此建立算法。

定理 3.4 问题式（262）和式（263）的对偶问题为

$$\min_{\alpha}\frac{1}{2}\sum_{i=1}^{l}\sum_{j=1}^{l}\alpha_i\alpha_j y_i y_j\left((\boldsymbol{x}_i\cdot\boldsymbol{x}_j)+\frac{\delta_{ij}}{C}\right)-\sum_{i=1}^{l}\alpha_i \tag{264}$$

$$\text{s.t.}\quad \sum_{i=1}^{l}\alpha_i y_i=0 \tag{265}$$

其中

$$\delta_{ij}=\begin{cases}1, & i=j\\ 0, & i\neq j\end{cases} \tag{266}$$

证明：引入问题式（262）和式（263）的拉格朗日函数

$$L(\boldsymbol{w},b,\boldsymbol{\eta},\boldsymbol{\alpha})=\frac{1}{2}\|\boldsymbol{w}\|^2+\frac{C}{2}\sum_{i=1}^{l}\eta_i^2-\sum_{i=1}^{l}\alpha_i(y_i((\boldsymbol{w}\cdot\boldsymbol{x}_i)+b)+\eta_i-1) \tag{267}$$

其中 $\boldsymbol{\alpha}\in\mathbf{R}^l$ 是拉格朗日乘子向量，求拉格朗日函数关于 $\boldsymbol{w}$、b、$\boldsymbol{\eta}$ 的极小值，得到如下 KKT 条件：

$$\boldsymbol{w}=\sum_{i=1}^{l}\alpha_i y_i\boldsymbol{x}_i \tag{268}$$

$$\sum_{i=1}^{l}y_i\alpha_i=0 \tag{269}$$

$$\boldsymbol{\eta}=\frac{\boldsymbol{\alpha}}{C} \tag{270}$$

$$y_i((\boldsymbol{w}\cdot\boldsymbol{x}_i)+b)+\eta_i-1=0,\quad i=1,2,\cdots,l \tag{271}$$

将上述条件代入拉格朗日函数并对 $\boldsymbol{\alpha}$ 求极大值，得到对偶问题式（264）和式（265）。

关于原始问题式（262）和式（263）与对偶问题式（264）和式（265）的解的关系有下面的几个定理成立。

定理 3.5 原始问题式（262）和式（263）的解 $(\boldsymbol{w}^*, b^*, \boldsymbol{\eta}^*)$ 存在且唯一。

定理 3.6 设 $(\boldsymbol{w}^*, b^*, \boldsymbol{\eta}^*)$ 是原始问题式（262）和式（263）的解，则对偶问题式（264）和式（265）必有解 $\boldsymbol{\alpha}^* = (\alpha_1^*, \alpha_2^*, \cdots, \alpha_l^*)^{\mathrm{T}}$，使得

$$\boldsymbol{w}^* = \sum_{i=1}^{l} \alpha_i^* y_i \boldsymbol{x}_i \tag{272}$$

证明：由定理 3.1 和 Wolfe 定理可知，若 $(\boldsymbol{w}^*, b^*, \boldsymbol{\eta}^*)$ 是原始问题式（262）和式（263）的解，则对偶问题式（264）和式（265）必有解，且满足式（272）。

定理 3.7 设 $\boldsymbol{\alpha}^* = (\alpha_1^*, \alpha_2^*, \cdots, \alpha_l^*)^{\mathrm{T}}$ 是对偶问题式（264）和式（265）的任一解，则原始问题式（262）和式（263）关于 $(\boldsymbol{w}, b)$ 的解存在且唯一，并且有

$$\boldsymbol{w}^* = \sum_{i=1}^{l} \alpha_i^* y_i \boldsymbol{x}_i \tag{273}$$

和

$$b^* = y_i \left(1 - \frac{\alpha_i^*}{C}\right) - \sum_{j=1}^{l} \alpha_j^* y_j (\boldsymbol{x}_j \cdot \boldsymbol{x}_i) \tag{274}$$

证明：令 $\boldsymbol{H} = \left[y_i y_j \left((\boldsymbol{x}_i \cdot \boldsymbol{x}_j) + \delta_{ij} / C \right) \right]_{l \times l}, \boldsymbol{e} = (1, 2, \cdots, l)^{\mathrm{T}}, \boldsymbol{\alpha} = (\alpha_1, \alpha_2, \cdots, \alpha_l)^{\mathrm{T}}$，$\boldsymbol{y} = (y_1, y_2, \cdots, y_l)^{\mathrm{T}}$，对偶问题为

$$\min_{\boldsymbol{\alpha}} \ W(\boldsymbol{\alpha}) = \frac{1}{2} \boldsymbol{\alpha}^{\mathrm{T}} \boldsymbol{H} \boldsymbol{\alpha} - \boldsymbol{e}^{\mathrm{T}} \boldsymbol{\alpha} \tag{275}$$

$$\text{s.t.} \quad \boldsymbol{\alpha}^{\mathrm{T}} \boldsymbol{y} = 0 \tag{276}$$

若 $\boldsymbol{\alpha}^*$ 是问题式（264）和式（265）的解，则存在拉格朗日乘子 b^* 满足：

$$\boldsymbol{\alpha}^{*\mathrm{T}} \boldsymbol{y} = 0 \tag{277}$$

$$\boldsymbol{H} \boldsymbol{\alpha}^* - \boldsymbol{e} + b^* \boldsymbol{y} = \boldsymbol{0} \tag{278}$$

令 $\boldsymbol{w}^* = \sum_{i=1}^{l} y_i \alpha_i^* \boldsymbol{x}_i$，则由式（278）可得

$$y_i((\boldsymbol{w}^* \cdot \boldsymbol{x}_i) + b^*) = 1 - \eta_i^*, \quad i = 1, 2, \cdots, l \tag{279}$$

其中

$$\eta_i^* = \frac{\alpha_i^*}{C} \tag{280}$$

因此，$(\boldsymbol{w}^*, b^*, \boldsymbol{\eta}^*)$ 满足原始问题式（262）和式（263）的约束条件，是可行解。

进一步，根据式（277）和式（278）可以计算得到

$$-\frac{1}{2}\|\boldsymbol{w}^*\|^2 - \frac{C}{2}\sum_{i=1}^{l}\eta_i^{*2} = \frac{1}{2}\boldsymbol{\alpha}^{*\mathrm{T}}\boldsymbol{H}\boldsymbol{\alpha}^* - \boldsymbol{e}^{\mathrm{T}}\boldsymbol{\alpha}^* \tag{281}$$

表明对偶问题式（264）和式（265）和原始问题式（262）和式（263）的目标函数值相等。因此可知 $(\boldsymbol{w}^*, b^*, \boldsymbol{\eta}^*)$ 是原始问题的解，又因为原始问题关于 $\boldsymbol{w}$ 的解是唯一的，所以 $\boldsymbol{w}^*$ 唯一。

根据 KKT 条件，式（278）可直接计算阈值 b^* 为

$$b^* = y_i(1 - \eta_i^*) - (\boldsymbol{w}^* \cdot \boldsymbol{x}_i) = y_i\left(1 - \frac{\alpha_i^*}{C}\right) - \sum_{j=1}^{l}\alpha_j^* y_j (\boldsymbol{x}_j \cdot \boldsymbol{x}_i) \tag{282}$$

且 b^* 唯一。

3.3.2　求解分类问题的 SVR 算法

对一般的非线性问题，把输入空间 $\mathbf{R}^n$ 通过某一个映射 $\Phi(\cdot)$ 变换到高维希尔伯特空间，然后在这个空间中构造原始最优化问题，并求得它的对偶问题

$$\min_{\boldsymbol{\alpha}} \frac{1}{2}\sum_{i=1}^{l}\sum_{j=1}^{l}\alpha_i\alpha_j y_i y_j\left(\boldsymbol{\Phi}(\boldsymbol{x}_i)\cdot\boldsymbol{\Phi}(\boldsymbol{x}_j) + \frac{\delta_{ij}}{C}\right) - \sum_{i=1}^{l}\alpha_i \tag{283}$$

$$\text{s.t.} \quad \sum_{i=1}^{l}\alpha_i y_i = 0 \tag{284}$$

引入核函数 $K(\boldsymbol{x}_i, \boldsymbol{x}_j)$ 代替对偶问题中的内积 $(\boldsymbol{\Phi}(\boldsymbol{x}_i)\cdot\boldsymbol{\Phi}(\boldsymbol{x}_j))$，对偶问题变为

$$\min_{\boldsymbol{\alpha}} \frac{1}{2}\sum_{i=1}^{l}\sum_{j=1}^{l}\alpha_i\alpha_j y_i y_j\left(K(\boldsymbol{x}_i,\boldsymbol{x}_j)+\frac{\delta_{ij}}{C}\right)-\sum_{i=1}^{l}\alpha_i \tag{285}$$

$$\text{s.t.}\ \sum_{i=1}^{l}\alpha_i y_i = 0 \tag{286}$$

对于目标函数中的 $K(\boldsymbol{x}_i, \boldsymbol{x}_j) + \delta_{ij}/C$，也可以用一个核函数 $\hat{K}(\boldsymbol{x}_i,\boldsymbol{x}_j)$ 来表示，即

$$\hat{K}(\boldsymbol{x}_i,\boldsymbol{x}_j)=K(\boldsymbol{x}_i,\boldsymbol{x}_j)+\frac{\delta_{ij}}{C} \tag{287}$$

在希尔伯特空间中，关于原始问题与对偶问题的解的关系仍然有定理 3.5~3.7 成立，只是此时关于 b^* 的求解公式变为

$$b^* = y_i\left(1-\frac{\alpha_i^*}{C}\right)-\sum_{j=1}^{l}\alpha_j^* y_j K(\boldsymbol{x}_j,\boldsymbol{x}_i) \tag{288}$$

根据定理 3.7 建立如下算法。

算法 3.1 求解分类问题的 SVR 算法如下。

（1）设已知训练集 $T=\{(\boldsymbol{x}_1,y_1),(\boldsymbol{x}_2,y_2),\cdots,(\boldsymbol{x}_l,y_l)\}\in(X\times Y)^l$，其中 $\boldsymbol{x}_i\in X=\mathbf{R}^n$，$y_i\in Y=\{-1,1\},i=1,2,\cdots,l$；

（2）选择适当的正数 C，选择适当的核 $K(\boldsymbol{x},\boldsymbol{x}')$；

（3）构造并求解问题

$$\min_{\boldsymbol{\alpha}} \frac{1}{2}\sum_{i=1}^{l}\sum_{j=1}^{l}\alpha_i\alpha_j y_i y_j\left(K(\boldsymbol{x}_i,\boldsymbol{x}_j)+\frac{\delta_{ij}}{C}\right)-\sum_{i=1}^{l}\alpha_i \tag{289}$$

$$\text{s.t.}\ \sum_{i=1}^{l}\alpha_i y_i = 0 \tag{290}$$

得到最优解 $\boldsymbol{\alpha}^*=(\alpha_1^*,\alpha_2^*,\cdots,\alpha_l^*)^{\mathrm{T}}$；

（4）构造决策函数

$$f(\boldsymbol{x})=\text{sgn}\left(\sum_{i=1}^{l}\alpha_i^* y_i K(\boldsymbol{x}_i,\boldsymbol{x})+b^*\right) \tag{291}$$

其中 b^* 由式（288）给出。

3.3.3　数值试验

为了验证所提出的算法 3.1 的有效性，现对一个公开的数据集——鸢尾属植物数据集（Iris Dataset）进行测试。该数据集是一个用来检验分类算法性能的标准数据集。该数据集共有 150 个样本点，分为 3 类：Ⅰ（Iris-setosa）、Ⅱ（Iris-versicolor）和Ⅲ（Iris-virginica），每类样本集各有 50 个样本点。每个样本有 4 个属性，具体数据参见文献 [18]。

首先把Ⅰ和Ⅱ类看成正类，把Ⅲ类看成负类，组成一个两类分类问题；然后以Ⅱ和Ⅲ类为正类，把Ⅰ类看成负类，组成一个两类分类问题；最后以Ⅰ和Ⅲ类为正类，以Ⅱ类为负类，组成一个两类分类问题，这样共有 3 个两类分类问题。每个分类问题有 150 个数据，将这些数据随机分成训练集和测试集，训练集包含正类点 50 个、负类点 25 个，测试集包含正类点 50 个、负类点 25 个。分别对训练集用我们提出的算法 3.1 与标准的 C–SVM 进行训练，训练过程中我们对两个算法均采取径向基核函数，参数 C 分别采用 0.1、1、10、100、1000 和 10000 共 6 个值，将每次训练得到的决策函数在测试集上进行测试，记录每次测试得到的结果，最后计算平均测试准确率并进行比较，比较结果如表 3.1 所示。

表 3.1　结果比较

分类问题	C–SVM	算法 3.1
{Ⅰ，Ⅱ}– Ⅲ	95.6%	96.1%
{Ⅱ，Ⅲ}– Ⅰ	100%	100%
{Ⅰ，Ⅲ}– Ⅱ	97.5%	97.2%

从表中可以看出算法 3.1 与 C–SVM 的测试准确率基本相同。

3.4 简化的 SMO 算法

因为问题式（285）和式（286）是只有等式约束的凸二次规划问题，最优解的充要条件即为 KKT 条件

$$\sum_{i=1}^{l}\alpha_i y_i = 0 \tag{292}$$

$$y_i\sum_{j=1}^{l}\alpha_j y_j \hat{K}(\boldsymbol{x}_j,\boldsymbol{x}_i) + y_i b = 1,\quad i = 1,2,\cdots,l \tag{293}$$

将上述 KKT 条件写成矩阵形式为

$$\begin{pmatrix} 0 & \boldsymbol{Y}^{\mathrm{T}} \\ \boldsymbol{Y} & \boldsymbol{H} \end{pmatrix}\begin{pmatrix} b \\ \boldsymbol{\alpha} \end{pmatrix} = \begin{pmatrix} 0 \\ \boldsymbol{e} \end{pmatrix} \tag{294}$$

其中 $\boldsymbol{Y} = (y_1, y_2,\cdots,y_l)^{\mathrm{T}}$, $\boldsymbol{e} = (1,2,\cdots,1)^{\mathrm{T}}$，$\boldsymbol{H} = (y_i y_j \hat{K}(\boldsymbol{x}_i,\boldsymbol{x}_j))_{l\times l}$，$\hat{K}(\boldsymbol{x}_i,\boldsymbol{x}_j)$ 为式（287）定义的核函数，通过求解该线性方程组可得问题式（285）和式（286）的最优解 $\boldsymbol{\alpha}^*$ 及阈值 b^*，从而构造决策函数

$$f(\boldsymbol{x}) = \mathrm{sgn}\left(\sum_{i=1}^{l}\alpha_i^* y_i K(\boldsymbol{x}_i,\boldsymbol{x}) + b^*\right) \tag{295}$$

SMO 算法在每次迭代过程中只调整对应于两个样本点 $(\boldsymbol{x}_i\ ,\ y_i)$ 和 $(\boldsymbol{x}_j\ ,\ y_j)$ 的 α_i 和 α_j，它只求解一个具有两个变量的最优化问题。而这两个变量的最优化问题可以解析求解，因而在算法中不需要迭代地求解二次规划问题。它在每步迭代中只选择两个变量 α_i 和 α_j 进行调整，同时固定其他变量，通过求解最优化问题，得到关于这两个变量的最优值，然后用它们来改进相应的向量 α 的分量。

不失一般性，假设选择的两个变量为 α_1 和 α_2，此时子问题为

$$\begin{aligned}\min W(\alpha_1,\alpha_2) = {} & \frac{1}{2}\hat{K}(\boldsymbol{x}_1,\boldsymbol{x}_1)\alpha_1^2 + \frac{1}{2}\hat{K}(\boldsymbol{x}_2,\boldsymbol{x}_2)\alpha_2^2 + y_1 y_2 \hat{K}(\boldsymbol{x}_1,\boldsymbol{x}_2)\alpha_1\alpha_2 - (\alpha_1 + \alpha_2) + \\ & y_1\alpha_1\sum_{i=3}^{l} y_i\alpha_i\hat{K}(\boldsymbol{x}_i,\boldsymbol{x}_1) + y_2\alpha_2\sum_{i=3}^{l} y_i\alpha_i\hat{K}(\boldsymbol{x}_i,\boldsymbol{x}_2)\end{aligned} \tag{296}$$

$$\alpha_1 y_1 + \alpha_2 y_2 = -\sum_{i=1}^{3} y_i \alpha_i = \text{常数} \tag{297}$$

其中 $\hat{K}(\boldsymbol{x}_i, \boldsymbol{x}_j)$ 为式（287）定义的核函数。假设这个问题的初始可行点为 α_1^{old}、α_2^{old}，记该问题的最优解为 α_1^{new}、α_2^{new}，即两个变量的新值。

定理 3.8　考虑最优化问题式（296）和式（297），则

$$\alpha_2^{\text{new}} = \alpha_2^{\text{old}} + \frac{y_2(E_1 - E_2)}{\kappa} \tag{298}$$

$$\alpha_1^{\text{new}} = \alpha_1^{\text{old}} + \frac{y_1(E_2 - E_1)}{\kappa} \tag{299}$$

为问题的最优解，其中

$$\kappa = \hat{K}(\boldsymbol{x}_1, \boldsymbol{x}_1) + \hat{K}(\boldsymbol{x}_2, \boldsymbol{x}_2) - 2\hat{K}(\boldsymbol{x}_1, \boldsymbol{x}_2) \tag{300}$$

$$E_i = \sum_{j=1}^{l} \alpha_j y_j \hat{K}(\boldsymbol{x}_j, \boldsymbol{x}_i) - y_i, \quad i = 1,2 \tag{301}$$

证明：记

$$v_i = \sum_{j=3}^{l} y_j \alpha_j \hat{K}(\boldsymbol{x}_i, \boldsymbol{x}_j) = g(\boldsymbol{x}_i) - \sum_{j=1}^{2} y_j \alpha_j \hat{K}(\boldsymbol{x}_i, \boldsymbol{x}_j) - b, \quad i = 1,2 \tag{302}$$

其中 $g(\boldsymbol{x}) = \sum_{i=1}^{l} \alpha_i y_i \hat{K}(\boldsymbol{x}_i, \boldsymbol{x}) + b$。则目标函数式（296）可表示为

$$W(\alpha_1, \alpha_2) = -\alpha_1 - \alpha_2 + \frac{1}{2}\hat{K}_{11}\alpha_1^2 + \frac{1}{2}\hat{K}_{22}\alpha_2^2 \tag{303}$$

其中 $\hat{K}_{ij} = \hat{K}(\boldsymbol{x}_i, \boldsymbol{x}_j)$。而约束 $\sum_{i=1}^{l} \alpha_i^{\text{old}} y_i = \sum_{i=1}^{l} \alpha_i y_i = 0$ 意味着

$$\alpha_1 + s\alpha_2 = \text{常数} = \alpha_1^{\text{old}} + s\alpha_2^{\text{old}} = \gamma \tag{304}$$

其中 $s = y_1 y_2$。将约束式（304）代入目标函数，得

$$W(\alpha_2) = -\gamma + s\alpha_2 - \alpha_2 + \frac{1}{2}\hat{K}_{11}(\gamma - s\alpha_2)^2 + \frac{1}{2}\hat{K}_{22}\alpha_2^2 \tag{305}$$

令

$$\frac{\partial W(\alpha_2)}{\partial \alpha_2} = -1 + s - s\hat{K}_{11}(\gamma - s\alpha_2) + \hat{K}_{22}\alpha_2 \tag{306}$$

$$-\hat{K}_{12}\alpha_2 + s\hat{K}_{12}(\gamma - s\alpha_2) - y_2 v_1 + y_2 v_2 = 0 \tag{307}$$

得到

$$\begin{aligned}\alpha_2^{\text{new}}(\hat{K}_{11} + \hat{K}_{22} - 2\hat{K}_{12}) &= 1 - s + \gamma s(\hat{K}_{11} - \hat{K}_{12}) + y_2(v_1 - v_2) \\ &= y_2(y_2 - y_1 + \gamma y_1(\hat{K}_{11} - \hat{K}_{12}) + v_1 - v_2)\end{aligned} \tag{308}$$

整理得到

$$\alpha_2^{\text{new}} = \alpha_2^{\text{old}} + \frac{y_2(E_1 - E_2)}{K} \tag{309}$$

利用式（304）可以得到

$$\alpha_1^{\text{new}} = \alpha_1^{\text{old}} + y_1 y_2(\alpha_2^{\text{old}} - \alpha_2^{\text{new}}) = \alpha_1^{\text{old}} + \frac{y_1(E_2 - E_1)}{K} \tag{310}$$

然后我们讨论算法的停机准则。由于问题式（285）和式（286）的 KKT 条件是最优解的充分必要条件，因此引入它的拉格朗日函数

$$L = \frac{1}{2}\sum_{i=1}^{l}\sum_{j=1}^{l}\alpha_i\alpha_j y_i y_j\left(K(\boldsymbol{x}_i, \boldsymbol{x}_j) + \frac{\delta_{ij}}{C}\right) - \sum_{i=1}^{l}\alpha_i - \beta\sum_{i=1}^{l}\alpha_i y_i \tag{311}$$

令

$$E_i = \sum_{j=1}^{l}\alpha_j y_j \hat{K}(\boldsymbol{x}_j, \boldsymbol{x}_i) - y_i, \quad i = 1, 2, \cdots, l \tag{312}$$

对函数 L 关于 $\boldsymbol{\alpha}$ 求极小值，得到

$$\gamma = E_i, \quad i = 1, 2, \cdots, l \tag{313}$$

则式（313）即可作为停机准则。在每步迭代中令 $\gamma_+ = \max_i E_i$, $\gamma_- = \min_i E_i$, $i_+ = \arg\max E_i$, $i_- = \text{mar}\min E_i$，当算法在一定精度内满足条件

$$\gamma_+ = \gamma_- \tag{314}$$

即可结束。

下面给出简化的 SMO 算法。

算法 3.2　简化的 SMO 算法如下。

（1）给定精度 ε、初始点 $\boldsymbol{\alpha}^0$，令 k=0；

（2）计算 $E_i\,(i=1,2,\cdots,l)$，选择 $i=i_+$，$j=i_-$，同时优化变量 α_i^k,α_j^k，得到解析解

$$\alpha_i^{k+1}=\alpha_i^k+\frac{y_i(E_j-E_i)}{K} \tag{315}$$

$$\alpha_j^{k+1}=\alpha_j^k+\frac{y_j(E_i-E_j)}{K} \tag{316}$$

其中 $K=\hat{K}(\boldsymbol{x}_i,\boldsymbol{x}_i)+\hat{K}(\boldsymbol{x}_j,\boldsymbol{x}_j)-2\hat{K}(\boldsymbol{x}_i,\boldsymbol{x}_j)$ ；

（3）若在精度范围 ε 内满足停机准则（314），则转步骤（4）；否则，令 $k=k+1$，转步骤（2）；

（4）取近似解 $\boldsymbol{\alpha}^*=\boldsymbol{\alpha}^{k+1}$。

之所以将上述算法称为简化的 SMO 算法，是因为在 C–SVM 的 SMO 算法中，每次迭代中的第 1 个训练点的选取要经过外层循环，不停地在“遍历整个训练集”和“遍历界内的支持向量对应的训练点”之间切换，第 2 个训练点的选取要经过内层循环而得到；而简化的 SMO 算法中，有比较简单的停机准则 $\gamma=E_i\ (i=1,2,\cdots,l)$。利用这个停机准则可以选择合适的优化变量或合适的训练点。因此，简化的 SMO 算法较一般的 SMO 算法有简单的训练点选取方法和简单的停机准则。

3.5　求解分类问题的支持向量回归机线性规划模型

在用 SVR 解决分类问题的模型中，如果选取使用拉普拉斯损失函数 [18]

$$\tilde{c}(\xi_i)=|\xi_i| \tag{317}$$

并且把目标函数中的 $\|\boldsymbol{w}\|_p$ 取为 $\|\boldsymbol{w}\|_1$，则相应的原始最优化问题为

$$\min_{\boldsymbol{w},\xi,b}\|\boldsymbol{w}\|_1+C\sum_{i=1}^{l}|\xi_i| \tag{318}$$

$$\text{s.t.}\quad y_i((\boldsymbol{w}\cdot\boldsymbol{x}_i)+b)-1\leqslant\xi_i,\quad i=1,2,\cdots,l \tag{319}$$

$$1-y_i((\boldsymbol{w}\cdot\boldsymbol{x}_i)+b)\leqslant\xi_i,\quad i=1,2,\cdots,l \tag{320}$$

$$\xi_i\geqslant 0,\quad i=1,2,\cdots,l \tag{321}$$

显然问题式（318）~式（321）中的约束式（321）是多余的，因此该问题又可以简化为

$$\min_{\boldsymbol{w},\xi,b}\sum_{i=1}^{l}|\boldsymbol{w}_i|+C\sum_{i=1}^{l}|((\boldsymbol{w}\cdot\boldsymbol{x}_i)+b)-y_i| \tag{322}$$

在 SVR 中 $\boldsymbol{w}$ 和对偶问题的最优解 $\boldsymbol{\alpha}^{(*)}$ 有关系式

$$\boldsymbol{w}=\sum_{i=1}^{l}(\alpha_i^*-\alpha_i)\boldsymbol{x}_i \tag{323}$$

所以可以考虑用 $\|\boldsymbol{\alpha}^{(*)}\|_1=\sum_{i=1}^{l}(|\alpha_i|+|\alpha_i^*|)$ 来代替目标函数中的 $\|\boldsymbol{w}\|_1$，又因为 $\boldsymbol{\alpha}^{(*)}\geqslant\boldsymbol{0}$，所以可写为 $\sum_{i=1}^{l}(\alpha_i+\alpha_i^*)$，并引入辅助变量 η_i^*、η_i ($i=1, 2, \cdots, l$)，令

$$\eta_i^*-\eta_i=((\boldsymbol{w}\cdot\boldsymbol{x}_i)+b)-y_i,\quad i=1,2,\cdots,l \tag{324}$$

同时引入核函数 $K(\boldsymbol{x}_i,\boldsymbol{x}_j)$ 代替 $(\boldsymbol{x}_i\cdot\boldsymbol{x}_j)$，则得到线性规划问题

$$\min_{\boldsymbol{\alpha}^{(*)},\boldsymbol{\eta}^{(*)},b}\sum_{i=1}^{l}(\alpha_i+\alpha_i^*)+C\sum_{i=1}^{l}(\eta_i^*-\eta_i) \tag{325}$$

$$\text{s.t.}\quad y_i\left(\sum_{j=1}^{l}(\alpha_j^*-\alpha_j)K(\boldsymbol{x}_j,\boldsymbol{x}_i)+b\right)-1=\eta_i^*-\eta_i,\quad i=1,2,\cdots,l \tag{326}$$

$$\alpha_i^{(*)},\eta_i,\eta_i^*\geqslant 0,\quad i=1,2,\cdots,l \tag{327}$$

通过求解上述线性规划问题，可得到最优解 $(\boldsymbol{\alpha}^{(*)}, b^*, \boldsymbol{\eta}^{(*)})$，构造分类决策函数

$$f(\boldsymbol{x})=\mathrm{sgn}\left(\sum_{i=1}^{l}(\alpha_i^*-\alpha_i)K(\boldsymbol{x},\boldsymbol{x}_i)+b^*\right) \tag{328}$$

算法总结如下。

算法 3.3　求解分类问题的 SVR 线性规划算法如下。

（1）设已知训练集 $T=\{(\boldsymbol{x}_1,y_1),(\boldsymbol{x}_2,y_2),\cdots,(\boldsymbol{x}_l,y_l)\}\in(X\times Y)^l$，其中 $\boldsymbol{x}_i\in X=\mathbf{R}^n, y_i\in Y=\{-1,1\}(i=1,2,\cdots,l)$；

（2）选择适当的正数 C，选择适当的核 $K(\boldsymbol{x},\boldsymbol{x}')$；

（3）构造并求解问题式（325）~式（327），得到最优解 $\boldsymbol{\alpha}^{(*)}=(\alpha_1^{(*)},\alpha_2^{(*)},\cdots,\alpha_l^{(*)})^{\mathrm{T}}$ 和 b^*；

（4）构造决策函数

$$f(\boldsymbol{x})=\mathrm{sgn}\left(\sum_{i=1}^{l}(\alpha_i^*-\alpha_i)K(\boldsymbol{x}_i,\boldsymbol{x})+b^*\right) \tag{329}$$

3.6　求解多类分类问题的支持向量回归机线性规划模型

迄今为止，我们讨论的分类问题，实际上是两类分类问题，但在实际问题中我们经常会遇到多类分类问题，其准确的数学描述如下（可参见文献 [18]）。

多类分类问题：根据给定训练集

$$T=\{(\boldsymbol{x}_1,y_1),(\boldsymbol{x}_2,y_2),\cdots,(\boldsymbol{x}_l,y_l)\}\in(X\times Y)^l \tag{330}$$

其中 $\boldsymbol{x}\in X=\mathbf{R}^n, y\in Y=\{1,2,\cdots,M\}(i=1,2,\cdots,l)$，寻找一个决策函数 $f(\boldsymbol{x}):X=\mathbf{R}^n\to Y$。

由此可见，求解多类分类问题，实质上就是找到一个把 $\mathbf{R}^n$ 上的点分成 M 部分的规则。对多类分类问题的解法，常用的包括一类对余类、成对分类、纠错输出编码等方法。

3.6.1 *K*–SVCR 算法

K–SVCR 算法把一类对余类与成对分类的思想结合在一起，在做两两分类的同时，把余类的信息考虑进去。其基本思想如下。

对给定的训练集式（330），考虑其中任意的两类 $(\Theta_j,\Theta_k)\in(Y\times Y)$，这里不妨假设 $j<k$，*K*–SVCR 算法通过把输入分为三类构造决策函数 $f_{\Theta_{jk}}(\boldsymbol{x})$，即它在将两类 Θ_j 和 Θ_k 分开的同时也把余类与这两类分开。此时可以把相应的训练集表示为

$$\tilde{T}=\{(\tilde{x}_1,\tilde{y}_1),\cdots,(\tilde{x}_{l_1},\tilde{y}_{l_1}),(\tilde{x}_{l_1+1},\tilde{y}_{l_1+1}),\cdots,(\tilde{x}_{l_1+l_2},\tilde{y}_{l_1+l_2}),(\tilde{x}_{l_1+l_2+1},\tilde{y}_{l_1+l_2+1}),\cdots,(\tilde{x}_l,\tilde{y}_l)\} \quad (331)$$

这个训练集是从式（330）表达的训练集 T 按照如下方法得到的：

$$\{\tilde{x}_1,\tilde{x}_2,\cdots,\tilde{x}_{l_1}\}=\{x_i\mid y_i=\Theta_j\},\{\tilde{x}_{l_1+1},\tilde{x}_{l_1+l_2}\}=\{x_i\mid y_i=\Theta_k\} \quad (332)$$

和

$$\tilde{y}_i=\begin{cases}+1, & i=1,2,\cdots,l_1\\ -1, & i=l_1+1,l_1+2,\cdots,l_1+l_2\\ 0, & i=l_1+l_2+1,l_1+l_2+2,\cdots,l\end{cases} \quad (333)$$

根据这个训练集，构造 *K*–SVCR 原始问题如下：

$$\min_{\boldsymbol{w},b,\boldsymbol{\xi},\boldsymbol{\eta},\boldsymbol{\eta}^*}\frac{1}{2}\|\boldsymbol{w}\|^2+C\sum_{i=1}^{l_1+l_2}\xi_i+D\sum_{i=l_1+l_2+1}^{l}(\eta_i+\eta_i^*) \quad (334)$$

$$\text{s.t.}\quad y_i((\boldsymbol{w}\cdot\boldsymbol{x}_i)+b)\geqslant 1-\xi_i,\quad i=1,2,\cdots,l_1+l_2 \quad (335)$$

$$(\boldsymbol{w}\cdot\boldsymbol{x}_i)+b\leqslant\varepsilon+\eta_i,\quad i=l_1+l_2+1,l_1+l_2+2,\cdots,l \quad (336)$$

$$(\boldsymbol{w}\cdot\boldsymbol{x}_i)+b\geqslant-\varepsilon-\eta_i^*,\quad i=l_1+l_2+1,l_1+l_2+2,\cdots,l \quad (337)$$

$$\xi_i,\eta_i,\eta_i^*\geqslant 0 \quad (338)$$

其中 $C\geqslant 0$，$D\geqslant 0$，$\varepsilon>0$ 是事先给定的参数。通过引入该问题的对偶问题并求解得到最优解 $(\boldsymbol{\alpha},\boldsymbol{\beta},\boldsymbol{\beta}^*)$，它们也是问题式（334）~式（338）的拉格朗日乘子，据此构造决策函数为

$$f_{\Theta_{j,k}}(\boldsymbol{x})=\begin{cases}+1, & (\overline{\boldsymbol{w}}\cdot\boldsymbol{x})+\overline{b}\geqslant\varepsilon\\-1, & (\overline{\boldsymbol{w}}\cdot\boldsymbol{x})+\overline{b}\leqslant-\varepsilon\\0, & \text{其他}\end{cases} \tag{339}$$

其中

$$\overline{\boldsymbol{w}}=\sum_{i=1}^{l_1+l_2}\alpha_i y_i\boldsymbol{x}_i-\sum_{i=l_1+l_2+1}^{l}(\beta_i-\beta_i^*)\boldsymbol{x}_i \tag{340}$$

$\overline{b}$ 可以由 KKT 条件求得。

3.6.2　*K*–SVR 线性规划模型

基于 3.6.1 节的 *K*–SVCR 模型，本小节我们提出线性规划形式的 *K*–SVR 算法。将 3.3.5 小节中导出的线性规划形式的模型和线性规划形式的 SVR 模型结合在一起，得到如下的最优化问题：

$$\min_{\alpha,\alpha^*,\xi,\eta,\eta^*,b}\ \sum_{i=1}^{l}(\alpha_i+\alpha_i^*)+C\sum_{i=1}^{l_1+l_2}(\eta_i+\eta_i^*)+D\sum_{i=l_1+l_2+1}^{l}(\xi_i+\xi_i^*) \tag{341}$$

$$\text{s.t.}\quad \tilde{y}_i\left(\sum_{j=1}^{l}(\alpha_j-\alpha_j^*)K(\tilde{\boldsymbol{x}}_j,\tilde{\boldsymbol{x}}_i)+b\right)-1=\eta_i^*-\eta_i,\quad i=1,2,\cdots,l_1+l_2 \tag{342}$$

$$\sum_{j=1}^{l}(\alpha_j-\alpha_j^*)K(\tilde{\boldsymbol{x}}_j,\tilde{\boldsymbol{x}}_i)+b\leqslant\varepsilon+\xi_i,\quad i=l_1+l_2+1,l_1+l_2+2,\cdots,l \tag{343}$$

$$\sum_{j=1}^{l}(\alpha_j-\alpha_j^*)K(\tilde{\boldsymbol{x}}_j,\tilde{\boldsymbol{x}}_i)+b\geqslant-\varepsilon-\xi_i^*,\quad i=l_1+l_2+1,l_1+l_2+2,\cdots,l \tag{344}$$

$$\alpha_i,\alpha_i^*,\xi^{(*)},\eta_i^{(*)}\geqslant 0 \tag{345}$$

其中 $C\geqslant 0$，$D\geqslant 0$，$\varepsilon>0$ 是事先给定的参数，$K(\cdot,\cdot)$ 是核函数。设 $(\overline{\boldsymbol{\alpha}},\overline{\boldsymbol{\alpha}}^*,\overline{\boldsymbol{\eta}},\overline{\boldsymbol{\eta}}^*,\overline{\boldsymbol{\xi}},\overline{\boldsymbol{\xi}}^*,\overline{b})$ 是问题式（341）~式（345）的最优解，构造决策函数如下：

$$f_{\Theta_{j,k}}(\boldsymbol{x})=\begin{cases}+1, & \sum_{i=1}^{l}(\bar{\alpha}_i-\bar{\alpha}_i^*)k(\bar{\boldsymbol{x}}_i,\boldsymbol{x})+\bar{b}\geqslant\varepsilon \\ -1, & \sum_{i=1}^{l}(\bar{\alpha}_i-\bar{\alpha}_i^*)k(\bar{\boldsymbol{x}}_i,\boldsymbol{x})+\bar{b}\leqslant-\varepsilon \\ 0, & 其他 \end{cases} \quad (346)$$

这样，对 K 类问题中的每个两类问题 (Θ_j, Θ_k)，可以构造一个决策函数式（346）把相应的两类分开，同时把其余类别与这两类分开，共有 $K(K-1)/2$ 个这样的决策函数。也就是说，对一个新的输入 $\boldsymbol{x}$，会得到 $K(K-1)/2$ 个输出。那么如何判断其真正的类别呢？下面我们以投票的方式来决定：当 $f_{\Theta_{jk}}(\boldsymbol{x})=+1$ 时，就给类别 Θ_j 加上 +1 票，其余类为 0 票；当 $f_{\Theta_{jk}}(\boldsymbol{x})=-1$ 时，就给类别 Θ_k 加上 −1 票，其余类为 0 票；当 $f_{\Theta_{jk}}(\boldsymbol{x})=0$ 时，分别给类别 Θ_j 和 Θ_k 加上 −1 票，其余类为 0 票。最终的判断结果，$\boldsymbol{x}$ 被归入得票最高的类别中。

这里提出的 K–SVR 模型是把处理分类问题的 SVR 线性规划模型和一般的 SVR 线性规划模型结合在一起考虑的算法，对两类 (Θ_j, Θ_k) 问题，应用了算法 3.3，其中 $y_i=\pm 1$［式（340）］；而对余类的问题，则是应用线性规划形式的 SVR［式（343）~ 式（345）］，其中 $y_i=0$。由于整个模型是基于 SVR 导出的，因此这里称提出的新算法为 K–SVR。

算法 3.4 K–SVR 算法如下。

（1）设已知训练集 $T=\{(\boldsymbol{x}_1,y_1),(\boldsymbol{x}_2,y_2),\cdots,(\boldsymbol{x}_l,y_l)\}\in(X\times Y)^l$，其中 $\boldsymbol{x}_i\in X=\mathbf{R}^n$，$y_i\in Y=\{1,2,\cdots,M\}$ $(i=1,2,\cdots,l)$；

（2）对每个两类问题 (Θ_j,Θ_k)，选择适当的正数 C、D；对 ε 选择适当的核 $K(\boldsymbol{x},\boldsymbol{x}')$；

（3）构造并求解问题式（341）~ 式（345），得到最优解 $\boldsymbol{\alpha}^{(*)}=(\alpha_1^{(*)},\alpha_2^{(*)},\cdots,\alpha_l^{(*)})^{\mathrm{T}}$ 和 b^*；

（4）构造决策函数式（346），最后得到 $K(K-1)/2$ 个决策函数；

（5）对新的输入 $\boldsymbol{x}$，按照投票规则投票并判断，将其归入得票最高的类别中。

3.7　数值试验

为了对比算法 3.4 和 K–SVR 算法，我们采用测试问题，其中包括人工数据集和公开数据集。

3.7.1　人工数据集试验

训练集 T 由在 $\mathbf{R}^2$ 空间中随机产生的服从高斯分布的 150 个点组成，分为 3 类（K=3），试验中，选择参数 C=50、D=500 及径向基核 $K(\boldsymbol{x},\boldsymbol{x}')=\exp\left(\dfrac{-\|\boldsymbol{x}-\boldsymbol{x}'\|^2}{2\sigma^2}\right)$，其中 $\sigma=3$。对参数 ε，则分别取 0.05、0.5 和 0.999，得到 $K(K-1)/2=3$ 个决策函数，试验结果由表 3.2 给出。

表 3.2　ε、计算时间、支持向量个数

图号	图 a	图 b	图 c	图 d	图 e	图 f	图 g	图 h	图 i
ε	0.05	0.05	0.05	0.5	0.5	0.5	0.999	0.999	0.999
–1–rest	1–2–3	1–3–2	2–3–1	1–2–3	1–3–2	2–3–1	1–2–3	1–3–2	2–3–1
支持向量个数	5	6	4	4	4	4	3	2	2
时间（K–SVCR）/s	114.8	121.0	138.2	86.0	98.1	96.2	89.1	87.9	96.8
时间（K–SVR）/s	8.14	8.34	8.32	7.84	7.66	7.69	6.71	6.85	6.65

从表 3.2 可以看出，算法 K–SVR 与 K–SVCR 具有类似的表现，比如参数 ε 的取值对最终决策函数有很大的影响。另外，表 3.2 中算法 K–SVR 对应的支持向量个数下降的趋势也与 K–SVCR 类似。但是，表 3.2 中显示我们提出的算法在速度上与 K–SVCR 有很大差别，所花费的计算时间要远远小于后者。

3.7.2　公开数据集试验

本节利用公开数据集 Iris、Wine、Glass 来测试算法 K–SVR，在试验过程中，每个数据集被随机等分成 10 个子集，取其中一个作为测试集，其余的并在一起作为训练集，这样做 10 次训练和测试。

对数据集 Iris、Wine，选择多项式核 $K(\boldsymbol{x}, \boldsymbol{x}') = (\boldsymbol{x} \cdot \boldsymbol{x}')^d$，分别取 d=4 和 d=3。对数据集 Glass 应用径向基核 $K(\boldsymbol{x},\boldsymbol{x}') = \exp\left(\frac{-\|\boldsymbol{x}-\boldsymbol{x}'\|^2}{2\sigma^2}\right)$,其中 $\sigma = 0.2236$。表 3.3 给出了 K–SVR 与 K–SVCR 比较的试验结果。

表 3.3　试验结果

	K–SVCR	时间 /s	K–SVR	时间 /s
Iris	[1.97，3.2]	154.23	[1.78，2.94]	12.1
Wine	[2.41，4.54]	178.11	[2.07，4.49]	13.7
Glass	[31.23，37.42]	2577.20	[31.02，36.77]	19.7

表 3.3 中的 [· , ·] 指的是两个错误百分率。第 1 个数是样本最终被分到错误类别的错误率，第 2 个数是样本被任何一个决策函数 $f_{\Theta_{jk}}(\boldsymbol{x})$（$j, k$ =1,2,⋯,l）分到错误类别的错误率，显然第 2 个数至少要比第 1 个数大。从表 3.3 可以看出两个算法的错误率基本相同。

更重要的结果是，算法 K–SVR 消耗的运算时间要远远小于算法 K–SVCR，我们提出的新算法至少快 10 倍。

3.8　小结

本章把分类问题看作特殊的回归问题来考虑，将 SVR 应用于处理分类问题，采用不同的模型和不同的损失函数，给出了求解分类问题的新途径和新思路。

当在 SVR 中取高斯损失函数 $\tilde{c}(\xi_i) = \xi_i^2 / 2$ 时，经过一系列的等价推导，可将 SVR 的原始优化问题变为最小二乘支持向量机的原始优化问题 [36]。数值试验表明了该算法的有效性。根据该算法中最优化问题的特殊形式和简单性质，讨论了它的解法，给出了简化的 SMO 算法。

对采用拉普拉斯损失函数和 $\|\boldsymbol{w}\|_1$ 的情况，给出了线性规划形式的求解分类问题的 SVR 模型。进一步，对多类分类问题，结合线性规划形式的求解回归问题的 SVR 模型，构建了一个线性规划形式的多类分类算法 *K*–SVR。人工数据试验和公开数据试验表明，我们提出的算法在表现上与 *K*–SVCR 算法类似，但在运行时间上明显缩短。

第4章　中心支持向量分类机

一般支持向量分类机方法是从线性可分情况下的最优分类超平面提出的，其基本思想是通过最大化两个支持超平面的间隔来求解最优的分类超平面。本章将要研究的中心支持向量分类机方法的基本思想是通过最大化过两类点中心的超平面的间隔来求解最优分类超平面，不再利用支持超平面。自冯（Fung）和曼格萨（Mangasarian）[67] 直观给出中心支持向量分类机（Proximal Support Vector Machine Classifiers，PSVMC）后，对它的研究还停留在仅有标准形式的水平。本章试图在第3章从理论上推导出的引入高斯损失函数的SVM优化模型的基础上，给出中心支持向量机的优化问题，从不同的途径构建中心支持向量机，然后把标准的中心支持向量机扩展到加权的、多类分类问题的、不确定信息的中心支持向量机模型，为有针对性地解决分类问题提供新的支持向量机方法，从而进一步充实、完善中心支持向量机的理论和算法。

4.1　基本思想

如果在最优化问题式（262）和式（263）的目标函数中加上一项 $b^2/2$，则问题变为关于变量 $(\boldsymbol{w}, b, \boldsymbol{\eta})$ 的严格凸二次规划，即

$$\min_{\boldsymbol{w},\eta,b}\frac{1}{2}(\|\boldsymbol{w}\|^2+b^2)+\frac{C}{2}\sum_{i=1}^{l}\eta_i^2 \tag{347}$$

$$\text{s.t.}\quad y_i((\boldsymbol{w}\cdot\boldsymbol{x}_i)+b)=1-\eta_i,\quad i=1,2,\cdots,l \tag{348}$$

而问题式（347）和式（348）恰好与冯和曼格萨提出的中心支持向量分类机

（Proximal Support Vector Machine Classifiers，PSVMC）吻合，这就从不同的途径给出了中心支持向量分类机的优化模型。

冯和曼格萨是从直观上推导出中心支持向量机的原始最优化问题的。我们知道通常的支持向量分类机是基于最大间隔的思想。图 4.1 中的两条直线 $(\boldsymbol{w}\cdot\boldsymbol{x})+b=-1$ 和 $(\boldsymbol{w}\cdot\boldsymbol{x})+b=1$ 称为规范的支持直线（超平面），SVM 通过最大化这两条直线（超平面）的间隔 $2/\|\boldsymbol{w}\|$ 来求解最优的分类超平面。在 PSVMC 中，超平面 $(\boldsymbol{w}\cdot\boldsymbol{x})+b=\pm 1$ 不再是支持超平面，而可以看作通过每类点的中心超平面，中心超平面可以看作某类点聚集在该超平面周围，如图 4.2 所示。

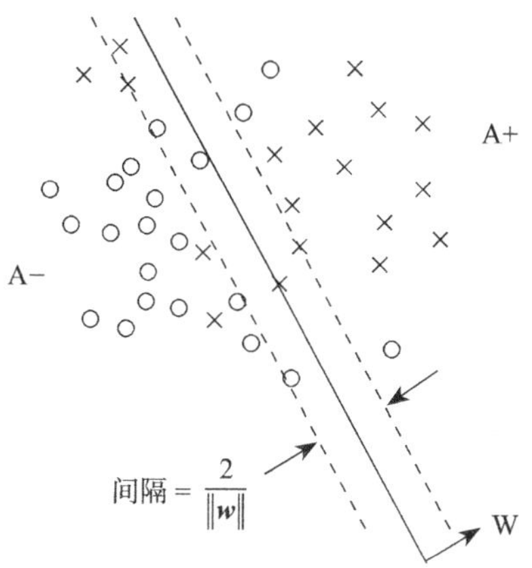

图 4.1　最大间隔分类超平面

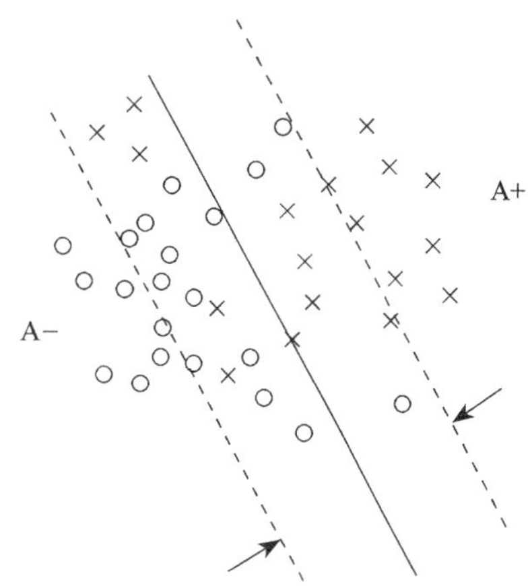

图 4.2　最大间隔分类超平面

这时是把训练点放在 $\mathbf{R}^{n+1}$ 空间考虑的，即每个训练点的输入 $\boldsymbol{x}_i\in\mathbf{R}^n\ (i=1,2,\cdots,l)$ 通过增加一维变成 $(\boldsymbol{x}_i^{\mathrm{T}},1)^{\mathrm{T}}\in\mathbf{R}^{n+1}(i=1,2,\cdots,l)$，此时可以计算出通过两类点中心的两条直线的间隔为 $2/\|(\boldsymbol{w},b)\|$，PSVMC 通过最大化该间隔得到相应的分类超平面 $(\boldsymbol{w}\cdot\boldsymbol{x})+b=0$，即图 4.2 中的点线。

4.1.1 对偶问题

为了叙述完整，也为了建立新类型的中心支持向量机算法的需要，我们这里按照一般的支持向量机类似的做法，首先给出问题式（347）和式（348）的对偶问题。

定理 4.1 问题式（347）和式（348）的对偶问题为

$$\min_{\boldsymbol{\alpha}} \frac{1}{2}\sum_{i=1}^{l}\sum_{j=1}^{l}\alpha_i\alpha_j y_i y_j((\boldsymbol{x}_i\cdot\boldsymbol{x}_j)+1)+\frac{1}{2C}\sum_{i=1}^{l}\alpha_i^2-\sum_{i=1}^{l}\alpha_i \tag{349}$$

证明：问题式（347）和式（348）的拉格朗日函数为

$$L(\boldsymbol{w},b,\boldsymbol{\eta},\boldsymbol{\alpha})=\frac{1}{2}(\|\boldsymbol{w}\|^2+b^2)+\frac{C}{2}\sum_{i=1}^{l}\eta_i^2-\sum_{i}\alpha_i(y_i((\boldsymbol{w}\cdot\boldsymbol{x}_i)+b)+\eta_i-1) \tag{350}$$

其中$\boldsymbol{\alpha}\in\mathbf{R}^l=(\alpha_1,\alpha_2,\cdots,\alpha_l)^{\mathrm{T}}$是拉格朗日乘子向量，求拉格朗日函数关于$\boldsymbol{w}$、$b$、$\boldsymbol{\eta}$的极小值，得到如下条件：

$$\boldsymbol{w}=\sum_{i=1}^{l}\alpha_i y_i \boldsymbol{x}_i \tag{351}$$

$$b=\sum_{i=1}^{l}y_i\alpha_i \tag{352}$$

$$\boldsymbol{\eta}=\frac{\boldsymbol{\alpha}}{C} \tag{353}$$

$$y_i((\boldsymbol{w}\cdot\boldsymbol{x}_i)+b)+\eta_i-1=0,\quad i=1,2,\cdots,l \tag{354}$$

把式（351）和式（353）代入拉格朗日函数并对$\boldsymbol{\alpha}$求极大值，就得到无约束对偶问题式（349）。

问题式（349）是严格凸的二次规划，其唯一的最优解为

$$\boldsymbol{\alpha}=\left(\frac{\boldsymbol{I}}{C}+\boldsymbol{Y}(\boldsymbol{X}\boldsymbol{X}^{\mathrm{T}}+\boldsymbol{e}\boldsymbol{e}^{\mathrm{T}})\boldsymbol{Y}\right)^{-1}\boldsymbol{e}=\left(\frac{\boldsymbol{I}}{C}+\boldsymbol{H}\boldsymbol{H}^{\mathrm{T}}\right)^{-1}\boldsymbol{e} \tag{355}$$

其中$\boldsymbol{X}\in\mathbf{R}^{l\times n}$是由输入$\boldsymbol{x}_i\in\mathbf{R}^n\,(i=1,2,\cdots,l)$组成的矩阵，$\boldsymbol{Y}\in\mathbf{R}^{l\times l}$是对角元素分别为$y_1,y_2,\cdots,y_l$，其余元素都为 0 的矩阵，$\boldsymbol{e}$=$(1,\cdots,1)^l$，$\boldsymbol{I}$为单位矩阵，且

$$H = Y[X, e] \tag{356}$$

当输入维数 n 较小时，可以利用 Sherman-Morrison-Woodbury 公式，将式（355）简化为

$$\alpha = C\left(I - H\left(\frac{I}{C} + H^{\mathrm{T}}H\right)^{-1}H^{\mathrm{T}}\right)e \tag{357}$$

这个表达式将 $l \times l$ 矩阵的求逆计算简化为 $(n+1) \times (n+1)$ 矩阵的求逆计算。

由于原始问题的解 w、b、ξ 唯一，且对偶问题的解唯一，因此求解对偶问题可得到最优解 α^*，并按照式（351）和式（352）构造的 w^*、b^* 一定是原始问题的最优解。因此可以建立算法如下。

算法 4.1　线性 PSVMC 算法如下。

（1）设已知训练集 $T = \{(x_1, y_1), (x_2, y_2), \cdots, (x_l, y_l)\} \in (X \times Y)^l$，其中 $x_i \in X = \mathbf{R}^n, y_i \in Y = \{-1,1\}\ (i = 1, 2, \cdots, l)$；

（2）选择合适的参数 C，按照式（356）计算 H，按照式（357）计算 α；

（3）根据式（351）和式（352）确定 (w, b)，构造分类超平面 $(w \cdot x) + b = 0$；

（4）构造决策函数 $f(x) = \mathrm{sgn}\,((w \cdot x) + b)$。

4.1.2　非线性的 PSVMC

在将上述算法推广到非线性的情况时，冯和曼格萨 [69] 利用式（351）把原始问题式（347）和式（348）改为

$$\min_{\alpha,\eta,b} \frac{1}{2}(\alpha^2 + b^2) + \frac{C}{2}\sum_{i=1}^{l}\eta_i^2 \tag{358}$$

$$\text{s.t.}\quad y_i\left(\sum_{j=1}^{l}\alpha_j y_j (x_j \cdot x_i) + b\right) = 1 - \eta_i,\quad i = 1,2,\cdots,l \tag{359}$$

通过引入核函数 $K(x_i, x_j)$ 代替问题式（358）和式（359）中的 $(x_i \cdot x_j)$，从而得到原始问题

$$\min_{\boldsymbol{\alpha},\boldsymbol{\eta},b}\frac{1}{2}(\boldsymbol{\alpha}^2+b^2)+\frac{C}{2}\sum_{i=1}^{l}\eta_i^2 \tag{360}$$

$$\text{s.t.}\quad y_i\left(\sum_{j=1}^{l}\alpha_j y_j K(\boldsymbol{x}_j,\boldsymbol{x}_i)+b\right)=1-\eta_i,\quad i=1,2,\cdots,l \tag{361}$$

对问题式（360）和式（361）的拉格朗日函数关于 $\boldsymbol{\alpha}$、b、$\boldsymbol{\eta}$ 求偏导，最后得到 $\boldsymbol{\alpha}$ 的表达式

$$\boldsymbol{\alpha}=\boldsymbol{YK}^{\mathrm{T}}\boldsymbol{Y\beta} \tag{362}$$

其中

$$\boldsymbol{\beta}=\left(\frac{\boldsymbol{I}}{C}+\boldsymbol{Y}(\boldsymbol{KK}^{\mathrm{T}}+\boldsymbol{ee}^{\mathrm{T}})\boldsymbol{Y}\right)^{-1}\boldsymbol{e} \tag{363}$$

$\boldsymbol{K}$ 为核矩阵。这里直接将问题式（349）中的 $(\boldsymbol{x}_i\cdot\boldsymbol{x}_j)$ 用核函数 $K(\boldsymbol{x}_i,\boldsymbol{x}_j)$ 代替，得到最优化问题

$$\min_{\boldsymbol{\alpha}}\frac{1}{2}\sum_{i=1}^{l}\sum_{j=1}^{l}\alpha_i\alpha_j\left(y_i y_j(K(\boldsymbol{x}_i,\boldsymbol{x}_j)+1)+\frac{\delta_{ij}}{C}\right)-\sum_{i=1}^{l}\alpha_i \tag{364}$$

其中

$$\delta_{ij}=\begin{cases}1, & i=j\\0, & i\neq j\end{cases} \tag{365}$$

显然该问题的最优解为

$$\boldsymbol{\alpha}=\left(\frac{\boldsymbol{I}}{C}+\boldsymbol{Y}(\boldsymbol{K}+\boldsymbol{ee}^{\mathrm{T}})\boldsymbol{Y}\right)^{-1}\boldsymbol{e} \tag{366}$$

其中 $\boldsymbol{K}\in\mathbf{R}^{l\times l}$ 是核矩阵。可以看出，式（366）比式（362）和式（363）计算简单。据此建立算法如下。

算法 4.2　非线性 PSVMC 算法如下。

（1）设已知训练集 $T=\{(\boldsymbol{x}_1,y_1),(\boldsymbol{x}_2,y_2),\cdots,(\boldsymbol{x}_l,y_l)\}\in(X\times Y)^l$，其中 $\boldsymbol{x}_i\in X=\mathbf{R}^n$, $y_i\in Y=\{-1,1\}$ $(i=1,2,\cdots,l)$；

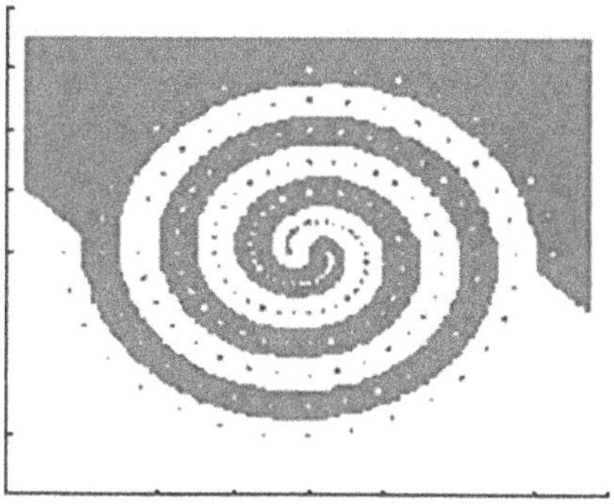

图 4.3　非线性问题

（2）选择合适的参数 C，选择合适的核函数 $K(\boldsymbol{x},\boldsymbol{x}')$，按照式（366）计算 $\boldsymbol{\alpha}$；

（3）根据式（352）确定 b，构造分类决策函数 $f(\boldsymbol{x})=\mathrm{sgn}\left(\sum_{i=1}^{l}\alpha_i y_i K(\boldsymbol{x},\boldsymbol{x}_i)+b\right)$。

对平面上的螺旋数据集[67]组成的分类问题用上述算法求解，该数据集包含 97 个正类点和 97 个负类点，数据呈螺旋状态，是典型的非线性分类问题。这里采用 RBF 核，C=1000，结果如图 4.3 所示。

4.1.3　稀疏的 PSVMC

从式（353）可以看出，由于 $\eta_i(i=1,2,\cdots,l)$ 通常不为 0，所以 $\alpha_i(i=1,2,\cdots,l)$ 不再具有一般 SVM 中的稀疏性质，也就是可能所有的点都是支持向量。

这里通过去掉部分 $|\alpha_i|\ (i=1,2,\cdots,l)$ 中较小的值对应的训练点，逐步赋予 PSVMC 算法稀疏性，其目的是希望在得到最终的决策函数时用到的 α_i 尽可能少。具体算法如下。

算法 4.3　稀疏的 PSVMC 算法如下。

（1）设已知训练集 $T=\{(\boldsymbol{x}_1,y_1),(\boldsymbol{x}_2,y_2),\cdots,(\boldsymbol{x}_l,y_l)\}\in(X\times Y)^l$，其中 $\boldsymbol{x}_i\in X=\mathbf{R}^n$，$y_i\in Y=\{-1,1\}\ (i=1,2,\cdots,l)$；已知测试集 $S=\{(\boldsymbol{x}_1^*,y_1^*),(\boldsymbol{x}_2^*,y_2^*),\cdots,(\boldsymbol{x}_m^*,y_m^*)\}\in(X\times Y)^m$，其中 $\boldsymbol{x}_i^*\in X=\mathbf{R}^n$，$y_i\in Y=\{-1,1\}\ (i=1,2,\cdots,m)$；给定一充分小的正数 ε，比如令 $\varepsilon=5\%$；给定一测试精度 ρ，比如令 $\rho=80\%$；

（2）选择合适的参数 C，选择合适的核函数 $K(\boldsymbol{x},\boldsymbol{x}')$，用算法 4.2 在 T 上训练，按照式（366）计算 $\boldsymbol{\alpha}$；

（3）对 $|\alpha_i|\ (i=1,2,\cdots,l)$ 排序，去掉训练集中 $l\times\varepsilon$ 个对应 $|\alpha_i|$ 最小的训练点；

（4）记剩余的训练点组成的集合为 T_0，选择合适的参数 C，选择合适的核函数 $K(\boldsymbol{x},\boldsymbol{x}')$，用算法 4.2 在 T_0 上训练，按照式（366）计算 $\boldsymbol{\alpha}$；

（5）利用得到的决策函数对测试集 S 进行测试，若测试正确率大于 ρ，转步骤（3）；否则结束。

4.2 加权的中心支持向量分类机

在实际问题中，往往会遇到训练集中的正负两类点个数不平衡的情况，为解决此类问题，仿照构建加权的支持向量分类机的思路构建加权的 PSVMC 模型。通过对正类点引入参数 C_+，对负类点引入参数 C_-，得到原始最优化问题为

$$\min_{\boldsymbol{w},\boldsymbol{\eta},b}\frac{1}{2}(\|\boldsymbol{w}\|^2+b^2)+\frac{C_+}{2}\sum_{y_i=1}\eta_i^2+\frac{C_-}{2}\sum_{y_i=-1}\eta_i^2 \tag{367}$$

$$\text{s.t.}\quad y_i((\boldsymbol{w}\cdot\boldsymbol{x}_i)+b)=1-\eta_i,\quad i=1,2,\cdots,l \tag{368}$$

或者更普遍地，如果事先知道每个点的重要程度，则可以对每个训练点引入不同的惩罚参数 C_i，从而得到原始最优化问题为

$$\min_{\boldsymbol{w},\boldsymbol{\eta},b}\frac{1}{2}(\|\boldsymbol{w}\|^2+b^2)+\frac{1}{2}\sum_{i=1}^{l}C_i\eta_i^2 \tag{369}$$

$$\text{s.t.}\quad y_i((\boldsymbol{w}\cdot\boldsymbol{x}_i)+b)=1-\eta_i,\quad i=1,2,\cdots,l \tag{370}$$

定理 4.2 问题式（369）和式（370）的对偶问题为

$$\min_{\boldsymbol{\alpha}}\frac{1}{2}\sum_{i=1}^{l}\sum_{j=1}^{l}\alpha_i\alpha_j y_i y_j((\boldsymbol{x}_i\cdot\boldsymbol{x}_j)+1)+\frac{1}{2}\sum_{i=1}^{l}\frac{\alpha_i^2}{C_i}-\sum_{i=1}^{l}\alpha_i \tag{371}$$

证明：问题式（369）和式（370）的拉格朗日函数为

$$L(\boldsymbol{w},b,\boldsymbol{\eta},\boldsymbol{\alpha})=\frac{1}{2}(\|\boldsymbol{w}\|^2+b^2)+\frac{1}{2}\sum_{i=1}^{l}C_i\eta_i^2-\sum_{i=1}^{l}\alpha_i(y_i((\boldsymbol{w}\cdot\boldsymbol{x}_i)+b)+\eta_i-1) \tag{372}$$

其中 $\boldsymbol{\alpha}\in\mathbf{R}^l$ 是拉格朗日乘子向量，求拉格朗日函数关于 $\boldsymbol{w}$、b、$\boldsymbol{\eta}$ 的极小值，得到如下条件：

$$w=\sum_{i=1}^{l}\alpha_i y_i \boldsymbol{x}_i \tag{373}$$

$$b=\sum_{i=1}^{l}y_i\alpha_i \tag{374}$$

$$\eta_i=\frac{\alpha_i}{C_i},\quad i=1,2,\cdots,l \tag{375}$$

$$y_i((\boldsymbol{w}\cdot\boldsymbol{x}_i)+b)+\eta_i-1=0,\quad i=1,2,\cdots,l \tag{376}$$

把式（373）~式（375）代入拉格朗日函数并对 $\boldsymbol{\alpha}$ 求极大值，就得到无约束对偶问题式（371）。

问题式（371）是严格凸的二次规划，其最优解为

$$\boldsymbol{\alpha}=(\boldsymbol{I}_C+\boldsymbol{Y}(\boldsymbol{X}\boldsymbol{X}^{\mathrm{T}}+\boldsymbol{e}\boldsymbol{e}^{\mathrm{T}})\boldsymbol{Y})^{-1}\boldsymbol{e}=(\boldsymbol{I}_C+\boldsymbol{H}\boldsymbol{H}^{\mathrm{T}})^{-1}\boldsymbol{e} \tag{377}$$

其中 $\boldsymbol{X}\in\mathbf{R}^{l\times n}$ 是由输入 $\boldsymbol{x}_i\in\mathbf{R}^n$ $(i=1,2,\cdots,l)$ 组成的矩阵，$\boldsymbol{Y}\in\mathbf{R}^{l\times l}$ 是对角元素分别为 $y_1,y_2,\cdots,y_l$，其余元素都为 0 的矩阵，$\boldsymbol{e}=(1,\cdots,1)^l$，对角矩阵

$$\boldsymbol{I}_C=\mathrm{diag}\left\{\frac{1}{C_1},\frac{1}{C_2},\cdots,\frac{1}{C_l}\right\} \tag{378}$$

且

$$\boldsymbol{H}=\boldsymbol{Y}[\boldsymbol{X},\boldsymbol{e}] \tag{379}$$

通过引入核函数 $K(\boldsymbol{x}_i,\boldsymbol{x}_j)$ 代替问题式（371）中的内积 $(\boldsymbol{x}_i\cdot\boldsymbol{x}_j)$，可得到加权 PSVMC。具体算法如下。

算法 4.4　加权 PSVMC 算法如下。

（1）设已知训练集 $T=\{(\boldsymbol{x}_1,y_1),(\boldsymbol{x}_2,y_2),\cdots,(\boldsymbol{x}_l,y_l)\}\in(X\times Y)^l$，其中 $\boldsymbol{x}_i\in X=\mathbf{R}^n$, $y_i\in Y=\{-1,1\}$ $(i=1,2,\cdots,l)$；

（2）选择合适的参数 C_i $(i=1,2,\cdots,l)$，选择合适的核函数 $K(\boldsymbol{x},\boldsymbol{x}')$；

（3）构造并求解最优化问题

$$\min_{\boldsymbol{\alpha}}\frac{1}{2}\sum_{i=1}^{l}\sum_{j=1}^{l}\alpha_i\alpha_j y_i y_j(K(\boldsymbol{x}_i,\boldsymbol{x}_j)+1)+\frac{1}{2}\sum_{i=1}^{l}\frac{\alpha_i^2}{C_i}-\sum_{i=1}^{l}\alpha_i \tag{380}$$

得到最优解 $\boldsymbol{\alpha}^*$；

（4）根据式（374）确定 b，构造分类决策函数 $f(\boldsymbol{x})=\mathrm{sgn}\left(\sum_{i=1}^{l}\alpha_i y_i K(\boldsymbol{x},\boldsymbol{x}_i)+b\right)$。

4.3 多类问题分类模型

本节给出求解多类分类问题的中心支持向量机模型。

考虑 M 类的分类问题。设训练集

$$T=\{(\boldsymbol{x}_1,y_1),(\boldsymbol{x}_2,y_2),\cdots,(\boldsymbol{x}_l,y_l)\}\in(X\times Y)^l \tag{381}$$

其中 $\boldsymbol{x}_i\in X=\mathbf{R}^n$, $y_i\in Y=\{1,2,\cdots,M\}$ $(i=1,2,\cdots,l)$。由纠错输出编码方法[18]可知，可以适当构造出一系列两类问题，而解决这一系列两类问题能得到最终的多个决策函数，从而给出未知点的确定类别。设得到 N 个两类问题，对于每个两类问题可以建立 1 个决策函数，共得到 N 个决策函数。这样训练集转化为 $\{f^1,f^2,\cdots,f^N\}$。

$$T=\{(\boldsymbol{x}_i,y_i^j)\}_{i=1,j=1}^{i=l,j=N} \tag{382}$$

其中 $y_i^j\in\{-1,1\}$。显然，此时训练集的大小为 $N\times l$。

构造原始最优化问题

$$\min_{\boldsymbol{w}_j,b_j,\eta_{i,j}}\ \frac{1}{2}\sum_{j=1}^{N}\|\boldsymbol{w}_j\|^2+\frac{1}{2}\sum_{j=1}^{N}b_j^2+\frac{C}{2}\sum_{j=1}^{N}\sum_{i=1}^{l}\eta_{i,j}^2 \tag{383}$$

$$\text{s.t.}\ \ y_i^1((\boldsymbol{w}_1\cdot\boldsymbol{x}_i)+b_1)=1-\eta_{i,1},\quad i=1,2,\cdots,l \tag{384}$$

$$y_i^2((\boldsymbol{w}_2\cdot\boldsymbol{x}_i)+b_2)=1-\eta_{i,2},\quad i=1,2,\cdots,l \tag{385}$$

$$\vdots$$

$$y_i^N((\boldsymbol{w}_N\cdot\boldsymbol{x}_i)+b_N)=1-\eta_{i,N},\quad i=1,2,\cdots,l \tag{386}$$

定理 4.3 问题式（383）～式（386）的对偶问题为

$$\min_{\boldsymbol{\alpha}}\frac{1}{2}\sum_{i_1,j_1=1}^{l,N}\sum_{i_2,j_2=1}^{l,N}\alpha_{i_1,j_1}\alpha_{i_2,j_2}\left(y_{i_1}^{j_1}y_{i_2}^{j_2}((\boldsymbol{x}_{i_1}\cdot\boldsymbol{x}_{i_2})+1)+\frac{1}{C}\right)-\sum_{i,j=1}^{l,N}\alpha_{i,j} \tag{387}$$

证明：问题式（383）~ 式（386）的拉格朗日函数为

$$L(\boldsymbol{w}_j,b_j,\eta_{i,j},\alpha_{i,j})=\frac{1}{2}\sum_{j=1}^{N}\|\boldsymbol{w}_j\|^2+\frac{1}{2}\sum_{j=1}^{N}b_j^2+\frac{C}{2}\sum_{i,j=1}^{l,N}\eta_{i,j}^2-\sum_{i,j=1}^{l,N}\alpha_{i,j}(y_i^j((\boldsymbol{w}_j\cdot\boldsymbol{x}_i)+b_j)-1+\eta_{i,j}) \tag{388}$$

其中 $\boldsymbol{\alpha}\in\mathbf{R}^{(l\times n)}$ 是拉格朗日乘子向量，求拉格朗日函数关于 $\boldsymbol{w}_j$、b_j、$\eta_{i,j}$ 的极小值，得到如下条件：

$$\boldsymbol{w}_j=\sum_{i=1}^{l}\alpha_{i,j}y_i^j\boldsymbol{x}_i \tag{389}$$

$$b_j=\sum_{i=1}^{l}y_i^j\alpha_{i,j} \tag{390}$$

$$\eta_{i,j}=\frac{\alpha_{i,j}}{C} \tag{391}$$

$$y_i^j((\boldsymbol{w}_j\cdot\boldsymbol{x}_i)+b_j)+\eta_{i,j}-1=0,\quad i=1,2,\cdots,l,j=1,2,\cdots,N \tag{392}$$

把式（389）~ 式（391）代入拉格朗日函数并对 $\alpha_{i,j}$ 求极大值，就得到无约束对偶问题式（387）。

问题式（387）的解的形式为

$$\boldsymbol{\alpha}=(\alpha_{1,1},\cdots,\alpha_{l,1},\cdots,\alpha_{1,N},\cdots,\alpha_{l,N})^{\mathrm{T}} \tag{393}$$

显然，问题式（387）的最优解为

$$\boldsymbol{\alpha}=\left(\frac{\boldsymbol{I}}{C}+\boldsymbol{Y}(\boldsymbol{X}\boldsymbol{X}^{\mathrm{T}}+\boldsymbol{e}\boldsymbol{e}^{\mathrm{T}})\boldsymbol{Y}\right)^{-1}\boldsymbol{e}=\left(\frac{\boldsymbol{I}}{C}+\boldsymbol{H}\boldsymbol{H}^{\mathrm{T}}\right)^{-1}\boldsymbol{e} \tag{394}$$

其中 $\boldsymbol{Y}$ 是块对角矩阵

$$\boldsymbol{Y}_1=\mathrm{diag}\,(y_1^{\,1},y_2^{\,1},\cdots,y_l^{\,1}) \tag{395}$$

$$Y_2 = \mathrm{diag}\,(y_1^{\,2}, y_2^{\,2}, \cdots, y_l^{2}) \tag{396}$$

$$\vdots$$

$$Y_N = \mathrm{diag}\,(y_1^{\,N}, y_2^{\,N}, \cdots, y_l^{N}) \tag{397}$$

$$\boldsymbol{Y} = \mathrm{diag}\,(\boldsymbol{Y}_1, \boldsymbol{Y}_2, \cdots, \boldsymbol{Y}_N) \tag{398}$$

$\boldsymbol{X}$ 是块对角矩阵

$$\boldsymbol{X} = \mathrm{diag}\,(\boldsymbol{X}_1, \boldsymbol{X}_2, \cdots, \boldsymbol{X}_N) \tag{399}$$

$\boldsymbol{X}_1 = \boldsymbol{X}_2 = \cdots = \boldsymbol{X}_N$ 是由输入 $\boldsymbol{x}_i \in \mathbf{R}^n$ $(i=1, 2, \cdots, l)$ 组成的矩阵，$\boldsymbol{e}=(1,\cdots,1)^{N\times l}$，$\boldsymbol{I}$ 为对角矩阵

$$\boldsymbol{I} = \mathrm{diag}\,(I_1, I_2, \cdots, I_N) \tag{400}$$

$\boldsymbol{I}_1 = \boldsymbol{I}_2 = \cdots = \boldsymbol{I}_N \in \mathbf{R}^{l\times l}$ 为单位矩阵，且

$$\boldsymbol{H} = \boldsymbol{Y}\,[\boldsymbol{X}, \boldsymbol{e}] \tag{401}$$

现在总结算法如下。

算法 4.5 线性多类 PSVMC 算法如下。

（1）设已知训练集 $T = \{(\boldsymbol{x}_1, y_1), (\boldsymbol{x}_2, y_2), \cdots, (\boldsymbol{x}_l, y_l)\} \in (X \times Y)^l$，其中 $\boldsymbol{x}_i \in X = \mathbf{R}^n, y_i \in Y = \{1, 2, \cdots, M\}\ (i = 1, 2, \cdots, l)$；

（2）选择合适的参数 C，按照式（401）计算 H，按照式（394）计算 $\boldsymbol{\alpha}$；

（3）根据式（389）和式（390）确定 $(\boldsymbol{w}_j, b_j)$，构造多类分类超平面 $(\boldsymbol{w}_j \cdot \boldsymbol{x}) + b_j = 0\ (j=1, 2, \cdots, N)$，从而得到多类分类决策函数 $f^j(\boldsymbol{x}) = \mathrm{sgn}\,((\boldsymbol{w}_j \cdot \boldsymbol{x}) + b_j)\ (j=1, 2, \cdots, N)$。

通过引入核函数可以将线性多类 PSVMC 推广到非线性的情况。将问题式（387）中的 $(\boldsymbol{x}_i \cdot \boldsymbol{x}_j)$ 用核函数 $K(\boldsymbol{x}_i, \boldsymbol{x}_j)$ 代替，得到最优化问题

$$\min_{\boldsymbol{\alpha}} \frac{1}{2} \sum_{i_1, j_1=1}^{l,N} \sum_{i_2, j_2=1}^{l,N} \alpha_{i_1, j_1} \alpha_{i_2, j_2} \left(y_{i_1}^{j_1} y_{i_2}^{j_2} (K(\boldsymbol{x}_{i_1}, \boldsymbol{x}_{i_2}) + 1) + \frac{1}{C} \right) - \sum_{i,j=1}^{l,N} \alpha_{i,j} \tag{402}$$

显然，该问题的最优解为

$$\boldsymbol{\alpha}=\left(\frac{\boldsymbol{I}}{C}+\boldsymbol{Y}(\boldsymbol{K}+\boldsymbol{e}\boldsymbol{e}^{\mathrm{T}})\boldsymbol{Y}\right)^{-1}\boldsymbol{e} \tag{403}$$

其中 $\boldsymbol{K}$ 是核矩阵。总结算法如下。

算法 4.6 非线性多类 PSVMC 算法如下。

（1）设已知训练集 $T=\{(\boldsymbol{x}_1,y_1),(\boldsymbol{x}_2,y_2),\cdots,(\boldsymbol{x}_l,y_l)\}\in(X\times Y)^l$，其中 $\boldsymbol{x}_i\in X=\mathbf{R}^n$, $y_i\in Y=\{1,2,\cdots,M\}\ (i=1,2,\cdots,l)$；

（2）选择合适的参数 C，选择合适的核函数 $K(\boldsymbol{x},\boldsymbol{x}')$，按照式（403）计算 $\boldsymbol{\alpha}$；

（3）根据式（390）确定 b，构造多类分类决策函数 $f^j(\boldsymbol{x})=\mathrm{sgn}\left(\sum_{i=1}^{l}\alpha_{i,j}y_i^jK(\boldsymbol{x},\boldsymbol{x}_i)+b_j\right)(j=1,2,\cdots,N)$。

4.4 不确定中心支持向量分类机

上述讨论的各种中心支持向量分类机模型中，我们都假设每一个输入 x_i 确定地属于正类或者负类。但是在许多实际问题中，存在着大量的不确定性，x_i 可能不是确定地属于某一类，而是按照某个概率属于正类或者负类。为了描述这种不确定性，文献 [68] 引入了一个广泛意义上的指标 s_i 和两个精确描述概率的指标 z_i^+、z_i^-，其中 $z_i^+\geqslant 0$，$z_i^-\leqslant 0$，并且 $z_i^++z_i^-\leqslant 1$，即一个输入 $\boldsymbol{x}_i$ 以概率 z_i^+ 属于正类，以概率 z_i^- 属于负类。这样，一个训练点 $(\boldsymbol{x}_i,\boldsymbol{x}_j)$ 就可以用 $(\boldsymbol{x}_i,z_i^+,z_i^-)$ 来表示。显然，$z_i^+=1$ 和 $z_i^-=1$ 分别对应 $y_i=1$ 和 $y_i=-1$ 的情况，而 $z_i^+=z_i^-=0$ 说明输入 $\boldsymbol{x}_i$ 不提供任何信息。

在 PSVMC 中，对训练点 $(\boldsymbol{x}_i,\boldsymbol{x}_j)\ (i=1,2,\cdots,l)$ 引入上述概率变量，这样训练集就变为

$$\overline{T}=\{(\boldsymbol{x}_1,z_1^+,z_1^-),(\boldsymbol{x}_2,z_2^+,z_2^-),\cdots,(\boldsymbol{x}_l,z_l^+,z_l^-)\} \tag{404}$$

其中 z_i^+ 和 z_i^- 分别是输入 $\boldsymbol{x}_i$ 属于正类和负类的概率。下面针对上面具有概率形式的训练集 $\overline{T}$ 得到相应的最优化问题。

首先考虑 z_i^+ 和 z_i^- 为有理数的情况。令它们的最小公分母为 p，则

$$z_i^+ = \frac{q_i^+}{p}, z_i^- = \frac{q_i^-}{p}, i = 1, 2, \cdots, l \tag{405}$$

其中 q_i^+ 和 q_i^- 为非负的整数。这样，输入 $\boldsymbol{x}_i$ 以概率 q_i^+/p 属于正类，以概率 q_i^-/p 属于负类。即如果把输入 $\boldsymbol{x}_i$ 测试 p 次，理论上应该有 q_i^+ 次属于正类，q_i^- 次属于负类，$p - q_i^+ - q_i^-$ 次无法判断，从而对每一个 $(\boldsymbol{x}_i, q_i^+, q_i^-)$ 可以得到 q_i^+ 个训练点 $(\boldsymbol{x}_i,1),\cdots,(\boldsymbol{x}_i, 1)$ 和 q_i^- 个训练点 $(\boldsymbol{x}_i, -1), \cdots, (\boldsymbol{x}_i, -1)$。这样训练集 $\bar{T}$ 变为

$$\bar{T} = \{\underbrace{(\boldsymbol{x}_1,1),\cdots,(\boldsymbol{x}_1,1)}_{q_1^+\text{个}}, \underbrace{(\boldsymbol{x}_1,-1),\cdots,(\boldsymbol{x}_1,-1)}_{q_1^-\text{个}}, \cdots, \underbrace{(\boldsymbol{x}_l,1),\cdots,(\boldsymbol{x}_l,1)}_{q_l^+\text{个}}, \underbrace{(\boldsymbol{x}_l,-1),\cdots,(\boldsymbol{x}_l,-1)}_{q_l^-\text{个}}\} \tag{406}$$

其中训练点的个数为 $\sum_{i=1}^{l}(q_i^+ + q_i^-)$。对训练集式（406）可以构造 PSVMC 的原始最优化问题为

$$\min_{\boldsymbol{w},\boldsymbol{\eta},b} \frac{1}{2}(\|\boldsymbol{w}\|^2 + b^2) + \frac{C}{2p}\sum_{i=1}^{l}\left(\eta_{i1}^{+2} + \cdots + \eta_{iq_i^+}^{+2} + \eta_{i1}^{-2} + \cdots + \eta_{iq_i^-}^{-2}\right) \tag{407}$$

$$\text{s.t.} \quad (\boldsymbol{w} \cdot \boldsymbol{x}_i) + b = 1 - \eta_{ij}^+, j = 1, 2, \cdots, q_i^+ \tag{408}$$

$$(\boldsymbol{w} \cdot \boldsymbol{x}_i) + b = -1 + \eta_{ij}^-, j = 1, 2, \cdots, q_i^- \tag{409}$$

$$i = 1, 2, \cdots, l \tag{410}$$

其中 $\boldsymbol{\eta} = (\eta_{11}^+, \cdots, \eta_{1q_1^+}^+, \cdots, \eta_{lq_l^+}^+, \eta_{11}^-, \cdots, \eta_{1q_1^-}^-, \cdots, \eta_{lq_l^-}^-)$ 。注意：因为 $q_i^+ + q_i^-$ 个训练点可以看作一个整体，所以问题中 C 被 C/p 代替。

显然，根据约束式（408）和式（409）可知

$$\eta_{i1}^{+*} = \cdots = \eta_{iq_i^+}^{+*}, \eta_{i1}^{-*} = \cdots = \eta_{iq_i^-}^{-*}, i = 1, 2, \cdots, l \tag{411}$$

所以问题可以进一步简化为

$$\min_{\boldsymbol{w},\boldsymbol{\eta},b} \frac{1}{2}(\|\boldsymbol{w}\|^2 + b^2) + \frac{C}{2}\sum_{i=1}^{l}(z_i^+ \eta_i^{+2} + z_i^- \eta_i^{-2}) \tag{412}$$

$$\text{s.t.} \quad (\boldsymbol{w} \cdot \boldsymbol{x}_i) + b = 1 - \eta_i^+ \tag{413}$$

$$(\boldsymbol{w}\cdot\boldsymbol{x}_i)+b=-1+\eta_i^- \tag{414}$$

$$i=1,2,\cdots,l \tag{415}$$

其中 $\boldsymbol{\eta}=(\eta_1^+,\cdots,\eta_l^+,\eta_1^-,\cdots,\eta_l^-)$。

这样当 z_i^+ 和 z_i^- 为有理数时，我们得到了上述原始最优化问题。在将其推广到 z_i^+ 和 z_i^- 为 [0,1] 内的任意实数的情况前，我们可以证明下面的定理成立。

定理 4.4　考虑下面的问题：

$$\min_{\boldsymbol{w},\boldsymbol{\eta},b}\frac{1}{2}(\|\boldsymbol{w}\|^2+b^2)+\frac{C}{2}\sum_{i=1}^{l}(\beta_{ik}^+\eta_i^{+2}+\beta_{ik}^-\eta_i^{-2}) \tag{416}$$

$$\text{s.t.}\quad (\boldsymbol{w}\cdot\boldsymbol{x}_i)+b=1-\eta_i^+ \tag{417}$$

$$(\boldsymbol{w}\cdot\boldsymbol{x}_i)+b=-1+\eta_i^- \tag{418}$$

$$i=1,2,\cdots,l \tag{419}$$

和

$$\min_{\boldsymbol{w},\boldsymbol{\eta},b}\frac{1}{2}(\|\boldsymbol{w}\|^2+b^2)+\frac{C}{2}\sum_{i=1}^{l}(\beta_i^+\eta_i^{+2}+\beta_i^-\eta_i^{-2}) \tag{420}$$

$$\text{s.t.}\quad (\boldsymbol{w}\cdot\boldsymbol{x}_i)+b=1-\eta_i^+ \tag{421}$$

$$(\boldsymbol{w}\cdot\boldsymbol{x}_i)+b=-1+\eta_i^- \tag{422}$$

$$i=1,2,\cdots,l \tag{423}$$

分别设它们的解为 $(\boldsymbol{w}_k^*, b_k^*, \boldsymbol{\eta}_k^*)$ 和 $(\boldsymbol{w}^*, b^*, \boldsymbol{\eta}^*)$，设 $\lim\limits_{k\to\infty}\beta_{ik}^+=\beta_i^+,\lim\limits_{k\to\infty}\beta_{ik}^-=\beta_i^-$，其中 $\beta_i^+,\beta_i^-\in[0,1]$，则

$$\lim_{k\to\infty}\boldsymbol{w}_k^*=\boldsymbol{w}^*,\lim_{k\to\infty}b_k^*=b^* \tag{424}$$

至此，可以针对式（404）定义的训练集 $\bar{T}$ 给出原始最优化问题。

定理 4.5　对训练集 $\bar{T}=\{(\boldsymbol{x}_1,z_1^+,z_1^-),(\boldsymbol{x}_2,z_2^+,z_2^-),\cdots,(\boldsymbol{x}_l,z_l^+,z_l^-)\}$，其中输入 $\boldsymbol{x}_i$ 以概率 z_i^+ 属于正类，以概率 z_i^- 属于负类，用 PSVMC 求解该分类问题的原始最优化问题为

$$\min_{w,\eta,b}\frac{1}{2}(\|\boldsymbol{w}\|^2+b^2)+\frac{C}{2}\sum_{i=1}^{l}(z_i^+\eta_i^{+2}+z_i^-\eta_i^{-2}) \tag{425}$$

$$\text{s.t.}\quad (\boldsymbol{w}\cdot\boldsymbol{x}_i)+b=1-\eta_i^+,\quad i=1,2,\cdots,l,\text{并且 } z_i^-\neq 1 \tag{426}$$

$$(\boldsymbol{w}\cdot\boldsymbol{x}_i)+b=-1+\eta_i^-,\quad i=1,2,\cdots,l,\text{并且 } z_i^+\neq 1 \tag{427}$$

证明：根据前面的讨论和定理 4.4 可知，可以对训练集 $\tilde{T}$ 构造原始最优化问题式（407）~式（410）。当 $z_i^+=1$ 时，目标函数中的 $z_i^-=0$，从而约束 $(\boldsymbol{w}\cdot\boldsymbol{x}_i)+b=-1+\eta_i^-$ 不起作用；当 $z_i^-=1$ 时，目标函数中的 $z_i^+=0$，从而约束 $(\boldsymbol{w}\cdot\boldsymbol{x}_i)+b=1+\eta_i^+$ 不起作用。所以问题式（407）~式（410）与问题式（425）~式（427）等价。

定理 4.6 问题式（425）~式（427）的对偶问题为

$$\begin{aligned}\min_{\boldsymbol{\alpha}}\ &\frac{1}{2}\sum_{i=1}^{l}\sum_{j=1}^{l}(\alpha_i^+-\alpha_i^-)(\alpha_j^+-\alpha_j^-)((\boldsymbol{x}_i\cdot\boldsymbol{x}_j)+1)\\&+\frac{1}{2C}\sum_{z_i^-\neq 1}\frac{\alpha_i^{+2}}{z_i^+}+\frac{1}{2C}\sum_{z_i^+\neq 1}\frac{\alpha_i^{-2}}{z_i^-}-\sum_{z_i^-\neq 1}\alpha_i^+-\sum_{z_i^+\neq 1}\alpha_i^-\end{aligned} \tag{428}$$

其中 $\boldsymbol{\alpha}=(\alpha_1^+,\cdots,\alpha_l^+,\alpha_1^-,\cdots,\alpha_l^-)$。

证明：问题式（425）~式（427）的拉格朗日函数为

$$\begin{aligned}L(\boldsymbol{w},b,\boldsymbol{\eta},\boldsymbol{\alpha})=\ &\frac{1}{2}(\|\boldsymbol{w}\|^2+b^2)+\frac{C}{2}\sum_{i=1}^{l}(z_i^+\eta_i^{+2}+z_i^-\eta_i^{-2})\\&-\sum_{z_i^-\neq 1}\alpha_i^+((\boldsymbol{w}\cdot\boldsymbol{x}_i)+b-1+\eta_i^+)+\sum_{z_i^+\neq 1}\alpha_i^-((\boldsymbol{w}\cdot\boldsymbol{x}_i)+b+1-\eta_i^-)\end{aligned} \tag{429}$$

其中 $\boldsymbol{\alpha}=(\alpha_1^+,\cdots,\alpha_l^+,\alpha_1^-,\cdots,\alpha_l^-)$。对函数 $L(\boldsymbol{w},b,\boldsymbol{\eta},\boldsymbol{\alpha})$ 关于 $\boldsymbol{w}$、b、$\boldsymbol{\eta}$ 求极小值，得到

$$\boldsymbol{w}=\sum_{z_i^-\neq 1}\alpha_i^+\boldsymbol{x}_i-\sum_{z_i^+\neq 1}\alpha_i^-\boldsymbol{x}_i \tag{430}$$

$$b=\sum_{z_i^-\neq 1}\alpha_i^+-\sum_{z_i^+\neq 1}\alpha_i^- \tag{431}$$

$$\eta_i^+=\frac{\alpha_i^+}{Cz_i^+} \tag{432}$$

$$\eta_i^- = \frac{\alpha_i^-}{Cz_i^-} \tag{433}$$

把式（430）~式（433）代入拉格朗日函数并对 $\boldsymbol{\alpha}$ 求极大值，就得到对偶问题式（428）。

根据第 2 章的 Wolfe 对偶定理（定理 2.5）可知，若原始问题式（425）~式（427）有解 $(\boldsymbol{w}, b, \boldsymbol{\eta})$，则对偶问题式（428）必有解 $\boldsymbol{\alpha}$，且有式（430）和式（431）成立。显然，对偶问题式（428）是严格凸的二次规划，有唯一解。所以通过求解对偶问题得到最优解 $\boldsymbol{\alpha}^*$，则按照式（430）~式（431）构造的 $(\boldsymbol{w}^*, b^*)$ 一定是原始问题的解，从而可以构造决策函数。据此建立线性不确定中心支持向量机算法如下。

算法 4.7　线性不确定中心支持向量机（LPSVMC with Uncertainty）算法如下。

（1）设已知训练集 $T = \{(\boldsymbol{x}_1, y_1), (\boldsymbol{x}_2, y_2), \cdots, (\boldsymbol{x}_l, y_l)\} \in (X \times Y)^l$，其中 $\boldsymbol{x}_i \in X = \mathbf{R}^n$, $y_i \in Y = \{-1,1\}$ $(i = 1, 2, \cdots, l)$，已知每个输入 $\boldsymbol{x}_i$ 属于正类的概率为 z_i^+，属于负类的概率为 z_i^-；

（2）选择合适的参数 C，构造并求解对偶问题式（428），得到最优解 $\boldsymbol{\alpha}^*$；

（3）根据式（430）和式（431）确定 $\boldsymbol{w}^*$、b^*，构造分类决策函数 $f(\boldsymbol{x}) = \mathrm{sgn}\,((\boldsymbol{w}^* \cdot \boldsymbol{x}) + b^*)$。

对非线性的不确定分类问题，首先将输入空间 X 映射到某一个高维特征空间 $H:\{\boldsymbol{\Phi}(\boldsymbol{x}) \mid \boldsymbol{x} \in X\}$。在这个高维空间中得到相应的原始最优化问题

$$\min_{\boldsymbol{w},\boldsymbol{\eta},b} \frac{1}{2}(\|\boldsymbol{w}\|^2 + b^2) + \frac{C}{2}\sum_{i=1}^{l}(z_i^+\eta_i^{+2} + z_i^-\eta_i^{-2}) \tag{434}$$

$$\text{s.t.}\quad (\boldsymbol{w} \cdot \boldsymbol{\Phi}(\boldsymbol{x}_i)) + b = 1 - \eta_i^+,\quad i = 1,2,\cdots,l, \text{并且 } z_i^- \neq 1 \tag{435}$$

$$(\boldsymbol{w} \cdot \boldsymbol{\Phi}(\boldsymbol{x}_i)) + b = -1 + \eta_i^-,\quad i = 1,2,\cdots,l, \text{并且} z_i^+ \neq 1 \tag{436}$$

和对偶问题

$$\begin{aligned}\min_{\boldsymbol{\alpha}} \frac{1}{2}\sum_{i=1}^{l}\sum_{j=1}^{l}(\alpha_i^+ - \alpha_i^-)(\alpha_j^+ - \alpha_j^-)(K(\boldsymbol{x}_i, \boldsymbol{x}_j) + 1) \\ + \frac{1}{2C}\sum_{z_i^- \neq 1}\frac{\alpha_i^{+2}}{z_i^+} + \frac{1}{2C}\sum_{z_i^+ \neq 1}\frac{\alpha_i^{-2}}{z_i^-} - \sum_{z_i^- \neq 1}\alpha_i^+ - \sum_{z_i^+ \neq 1}\alpha_i^-\end{aligned} \tag{437}$$

其中 $K(\boldsymbol{x}_i, \boldsymbol{x}_j)=(\boldsymbol{\Phi}(\boldsymbol{x}_i)\cdot\boldsymbol{\Phi}(\boldsymbol{x}_j))$ 为核函数，$\boldsymbol{\alpha}=(\alpha_1^+,\cdots,\alpha_l^+,\alpha_1^-,\cdots,\alpha_l^-)^{\mathrm{T}}$。由此可以建立非线性的不确定中心支持向量机算法。

算法 4.8 非线性不确定中心支持向量机（NPSVMC with Uncertainty）算法如下。

（1）设已知训练集 $T=\{(\boldsymbol{x}_1, y_1), (\boldsymbol{x}_2, y_2), \cdots, (\boldsymbol{x}_l, y_l)\}\in(X\times Y)^l$，其中 $\boldsymbol{x}_i\in X=\mathbf{R}^n$, $y_i\in Y=\{-1,1\}$ $(i=1, 2, \cdots, l)$，已知每个输入 $\boldsymbol{x}_i$ 属于正类的概率为 z_i^+，属于负类的概率为 z_i^-；

（2）选择合适的参数 C，选取合适的核函数 $K(\boldsymbol{x}, \boldsymbol{x}')$，构造并求解对偶问题式（428），得到最优解 $\boldsymbol{\alpha}^*$；

（3）根据式（431）确定 b^*，构造分类决策函数

$$f(\boldsymbol{x})=\mathrm{sgn}\left(\left(\sum_{z_i^-\neq 1}\alpha_i^+K(\boldsymbol{x}_i,\boldsymbol{x})-\sum_{z_i^+\neq 1}\alpha_i^-K(\boldsymbol{x}_i,\boldsymbol{x})\right)+b^*\right) \tag{438}$$

下面对一个简单的例子应用不确定中心支持向量机算法。给定如式（404）所示的三个训练集 $\overline{T}_1$、$\overline{T}_2$、$\overline{T}_3$ 如下：

$$\overline{T}_1=\{(\boldsymbol{x}_1,1,0),(\boldsymbol{x}_2,1,0),(\boldsymbol{x}_3,0,1),(\boldsymbol{x}_4,0,1)\} \tag{439}$$

$$\overline{T}_2=\{(\boldsymbol{x}_1,1,0),(\boldsymbol{x}_2,1,0),(\boldsymbol{x}_3,0,1),(\boldsymbol{x}_4,0.3,0.2)\} \tag{440}$$

$$\overline{T}_3=\{(\boldsymbol{x}_1,1,0),(\boldsymbol{x}_2,1,0),(\boldsymbol{x}_3,0,1),(\boldsymbol{x}_4,1,0)\} \tag{441}$$

其中 $\boldsymbol{x}_1=(1,0)$，$\boldsymbol{x}_2=(0,1)$，$\boldsymbol{x}_3=(2,2)$，$\boldsymbol{x}_4=(1.5,1.5)$。用线性不确定中心支持向量机算法求解这三个分类问题，均选取参数 $C=10$，分别得到决策函数

$$f_1(\boldsymbol{x})=\mathrm{sgn}(x^1+x^2-2) \tag{442}$$

$$f_2(\boldsymbol{x})=\mathrm{sgn}(0.667x^1+0.6667x^2-1.6667) \tag{443}$$

$$f_3(\boldsymbol{x})=\mathrm{sgn}(x^1+x^2-3.5) \tag{444}$$

其中 $\boldsymbol{x}=(x^1, x^2)$。

图 4.4 显示了决策函数对应的分类线。从图 4.4 中可以看出，对训练集 $\overline{T}_1$ 和 $\overline{T}_3$ 求分类线 l_1 和 l_3，不确定的中心支持向量机与标准的中心支持向量机得到的结果一样。而 $\overline{T}_2$ 与 $\overline{T}_1$ 、$\overline{T}_3$ 的区别就在于输入 $\boldsymbol{x}_4$ 含有不确定因素，很自然地会想到得到的分类线 l_2 应该在 l_1 和 l_3 之间。而试验结果证明了这一合理的想法。

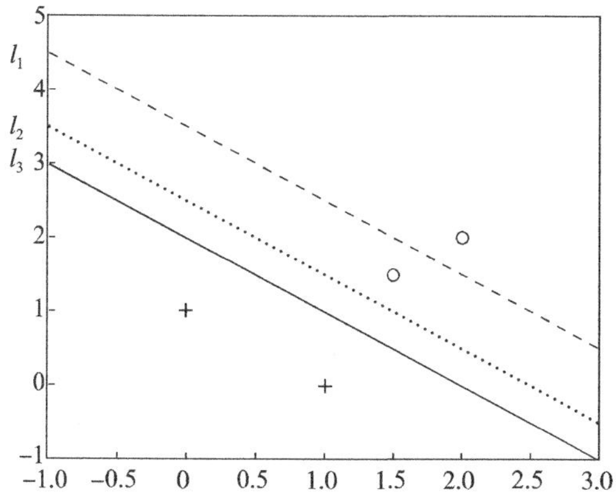

图 4.4　决策函数对应的分类线

4.5　小结

本章是在第 3 章中给出的引入高斯损失函数的 SVM 优化模型的基础上，把二次规划问题变为严格凸二次规划，得到中心支持向量机的优化模型。这就从一个新的途径构建了中心支持向量机。在介绍已有标准的中心支持向量机后，新构建了稀疏的、加权的和求解多类分类问题的中心支持向量机，特别是重点研究了对含有不确定信息的分类问题构建中心支持向量机的方法，得到了不确定中心支持向量机。

这些新类型的中心支持向量机和标准的中心支持向量机比较，各有其自身的优势，为有针对性地解决实际问题提供了新方法，从而丰富和完善了中心支持向量机的理论和算法，拓展了应用空间，实现了中心支持向量机研究的新突破。

第 5 章　推理型支持向量分类机

以上各章讨论的支持向量机，都仅仅是利用给定的训练集

$$T = \{(\boldsymbol{x}_1, y_1), \cdots, (\boldsymbol{x}_l, y_l)\} \tag{445}$$

建立起来的，其中 $\boldsymbol{x}_i \in X = \mathbf{R}^n, y_i \in Y = \{-1,1\}\ (i = 1, 2, \cdots, l)$。我们通常称它们为归纳型支持向量机。

瓦普尼克[3]提出了一种叫作推理型支持向量机（Transductive Support Vector Machine，TSVM）的分类算法。它不同于归纳型支持向量机，除了给定训练集 T 外，还给出了相互独立并服从同一个联合分布的测试集

$$S = \{\boldsymbol{x}_i^*, \cdots, \boldsymbol{x}_m^*\} \tag{446}$$

其中 $\boldsymbol{x}_i^* \in X = \mathbf{R}^n$。

推理型支持向量机希望从假设函数集 $F = \{f(\boldsymbol{x}, w)\}$ 中求一个最优的函数 $f(\boldsymbol{x}, w_0)$，使风险

$$R(w) = \frac{1}{m}\sum_{i=1}^{m} L(y_i^*, f(\boldsymbol{x}_i^*, w)) \tag{447}$$

最小。其中 w 为函数的广义参数，$L(y, f(\boldsymbol{x},w))$ 为由于用 $f(\boldsymbol{x},w)$ 对 y 进行预测而造成的损失。即这里关心的是函数 $f(\boldsymbol{x},w_0)$ 在给定兴趣点 $\boldsymbol{x}_i^*$ 的值，而不是该函数全部定义域上的值。

本章将在介绍推理型支持向量机的有关概念、原始最优化问题和对偶问题的基础上，针对已有推理型支持向量机的优化问题求解的实际困难，试图把推理型支持向量机的优化问题变为无约束问题，构造带有核的光滑无约束问题，从而构建改进的推理型支持向量机；进一步，为解决训练集中正负两类样本点

个数不均衡的问题，构建了加权的推理型支持向量机；最后应用改进的推理型支持向量机给出了网络入侵检测的新方法。

5.1　原始最优化问题及其对偶问题

5.1.1　原始最优化问题

文献 [3] 给出了风险式（447）的一个上界，即风险式（447）至少以 $1-\eta$ 的概率满足

$$R(w) \leqslant R_{\mathrm{emp}} + \phi(h,l,m) \tag{448}$$

其中

$$R_{\mathrm{emp}} = \frac{1}{l}\sum_{i=1}^{l} L(y_i, f(\boldsymbol{x}_i, w)) \tag{449}$$

置信区间 $\varphi(h,l,m)$ 依赖于假设函数集的 VC 维 h、训练集的大小 l、测试集的大小 m。

定义 5.1　考虑假设函数 $f(\boldsymbol{x}) = \mathrm{sgn}((\boldsymbol{w} \cdot \boldsymbol{x}) + b)$ 组成的函数集 F。若 F 中两个函数 f_1、f_2 对训练集和测试集的分类结果一样，则称 f_1、f_2 等价。

于是，按照等价类可以将可能无穷的函数集 F 转化成可能有限的函数集 F'。更重要的是，可以利用这些等价类建立一个 VC 维递增的函数集结构，利用结构风险最小化原则求解使得结构风险式（448）最小的假设函数。例如，适当选择一系列嵌套的假设集

$$F_{1'} \subset F_{2'} \subset \cdots \subset F' \tag{450}$$

定理 5.1　文献 [3] 考虑假设函数 $f(\boldsymbol{x}) = \mathrm{sgn}((\boldsymbol{w} \cdot \boldsymbol{x}) + b)$ 组成的函数集 F。若训练集 T 和测试集 S 都包含在一个直径为 D 的球内，则最多有

$$N_r < \exp\left[h\left(\frac{l+m}{h}+1\right)\right] \tag{451}$$

个等价类包含分类超平面，使得

$$\left|\left(\frac{\boldsymbol{w}}{\|\boldsymbol{w}\|}\cdot\boldsymbol{x}_i\right)+b\right|\leqslant\rho, x_i\in T \tag{452}$$

$$\left|\left(\frac{\boldsymbol{w}}{\|\boldsymbol{w}\|}\cdot\boldsymbol{x}_i^*\right)+b\right|\leqslant\rho, x_i^*\in S \tag{453}$$

其中 h 的表达式为 $h = \min(a, [D^2/\rho^2] + 1)$，$a$ 为训练点和测试点所在空间维数，$[D^2/\rho^2]$ 是数 D^2/ρ^2 的整数部分。

由上述定理和结构风险最小化原则可知，选择具有间隔最大的某个等价函数类 $F_{i'}$，就可以最小化结构风险式（448）。

对线性可分问题，可建立下列原始最优化问题：

$$\min_{w,b,y^*}\frac{1}{2}\|\boldsymbol{w}\|^2 \tag{454}$$

$$\text{s.t.}\quad y_i((\boldsymbol{w}\cdot\boldsymbol{x}_i)+b)\geqslant 1,\quad i=1,2,\cdots,l \tag{455}$$

$$y_j^*((\boldsymbol{w}\cdot\boldsymbol{x}_j^*)+b)\geqslant 1,\quad j=1,2,\cdots,m \tag{456}$$

其中 $\boldsymbol{y}^* = (y_1^*, y_2^*, \cdots, y_m^*)$。

图 5.1 给出了一个示意性的例子，图中正类“+”和负类“–”标识的点组成训练集 $T=\{(\boldsymbol{x}_1, y_1), (\boldsymbol{x}_2, y_1), \cdots, (\boldsymbol{x}_l, y_l)\}$，黑点“●”组成测试集 $S=\{\boldsymbol{x}_1^*, \boldsymbol{x}_2^*, \cdots, \boldsymbol{x}_m^*\}$。这些测试点的真实分类情况是：图中粗斜线上方的点为正类，粗斜线下方的点为负类。如果我们用归纳型支持向量机对训练集 T 进行分类并构造决策函数，最终得到的分划线为图中水平的细线。利用该分划线对测试集进行分类，可以看到将会有错分点；而如果我们利用推理型支持向量机，考虑针对训练集和测试集的分划，将得到最终的分划线为图中的粗斜线。

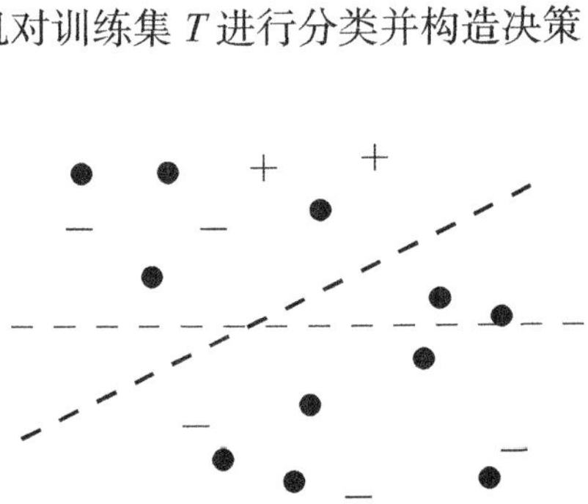

图 5.1　两类分划线

显然，对问题式（454）~ 式（456）而言，它的解有下面的定理成立。

定理 5.2　原始问题式（454）～式（456）关于 $\boldsymbol{w}$ 的解是唯一的。

与归纳型的线性可分的支持向量机不同，问题式（454）～式（456）关于 b 的解不唯一。

例 5.1　b 不唯一的例子。

考虑一维空间上的分类问题。设训练集为

$$T=\{(x_1,y_1),\cdots,(x_4,y_4)\}=\{(0,1),(1,1),(3,-1),(4,-1)\} \tag{457}$$

即一维输入 0、1 为正类，3、4 为负类。另外给定测试集只包含一个点 $x^*=2$，则根据问题式（454）～式（456）的形式可以建立原始问题如下：

$$\min_{w,b,y^*}\frac{1}{2}\|w\|^2 \tag{458}$$

$$\text{s.t.}\quad y_i((w\cdot x_i)+b)\geqslant 1,\quad i=1,2,\cdots,4 \tag{459}$$

$$y^*((w\cdot x^*)+b)\geqslant 1 \tag{460}$$

其中 y^* 为测试点的待测类别。要求解该问题，分别考虑 $y^*=1$ 和 $y^*=-1$ 时相应问题的最优值，对应较小最优值的那个 y^* 就是测试点的类别。

当 $y^*=1$ 时，直接求解问题式（458）～式（460）得 $\bar{w}=-2,\bar{b}=5$；当 $y^*=-1$ 时，可以求得 $\hat{w}=-2,\hat{b}=3$，即两种情况下最优值 $\bar{w}^2=\hat{w}^2=4$ 相同，而 $\bar{b}\neq\hat{b}$。

5.1.2　对偶问题

由于多了变量 $\boldsymbol{y}^*=\{y_1^*,y_2^*,\cdots,y_m^*\}$，问题式（454）～式（456）的约束式（456）不再是线性约束。为了求解问题式（454）～式（456），首先把 $\{y_1^*,y_2^*,\cdots,y_m^*\}^{\mathrm{T}}$ 看成某一个固定的取值，类似于归纳型支持向量机做法，引入原始问题式（454）～式（456）的对偶问题。

定理 5.3　对固定的某一个 $\{y_1^*,y_2^*,\cdots,y_m^*\}^{\mathrm{T}}$，原始问题式（454）～式（456）的对偶问题为

$$\min_{\boldsymbol{\alpha},\boldsymbol{\alpha}^*} W_{y_1^*,\cdots,y_m^*}(\boldsymbol{\alpha},\boldsymbol{\alpha}^*)=\frac{1}{2}\left[\sum_{i,r=1}^{l}\alpha_i\alpha_r y_i y_r(\boldsymbol{x}_i\cdot\boldsymbol{x}_r)+\sum_{j,r=1}^{m}\alpha_j^*\alpha_r^* y_j^* y_r^*(\boldsymbol{x}_j^*\cdot\boldsymbol{x}_r^*)-2\sum_{j=1}^{l}\sum_{r=1}^{m}y_j y_r^*\alpha_j\alpha_r^*(\boldsymbol{x}_j\cdot\boldsymbol{x}_r^*)\right]-\sum_{i=1}^{l}\alpha_i-\sum_{j=1}^{m}\alpha_j^* \tag{461}$$

$$\text{s.t.}\quad \sum_{i=1}^{l}y_i\alpha_i+\sum_{j=1}^{m}y_j^*\alpha_j^*=0 \tag{462}$$

$$\alpha_i \geqslant 0,\quad i=1,2,\cdots,l \tag{463}$$

$$\alpha_j^* \geqslant 0,\quad j=1,2,\cdots,m \tag{464}$$

然后对 $\{y_1^*, y_2^*, \cdots, y_m^*\}^{\mathrm{T}}$ 的所有可能的取值情况，通过下面的 min min 问题求得最优的 $(\boldsymbol{\alpha},\boldsymbol{\alpha}^*)$：

$$\min_{y_1^*,y_2^*,\cdots,y_m^*}\ \min_{\boldsymbol{\alpha},\boldsymbol{\alpha}^*} W_{y_1^*,y_2^*,\cdots,y_m^*}(\boldsymbol{\alpha},\boldsymbol{\alpha}^*) \tag{465}$$

而对应于最优解 $(\boldsymbol{\alpha},\boldsymbol{\alpha}^*)$ 的 $\{y_1^*, y_2^*, \cdots, y_m^*\}^{\mathrm{T}}$ 的取值就是要求的输入 $\{x_1^*, x_2^*, \cdots, x_m^*\}$ 的类别。此时的决策函数为

$$f(\boldsymbol{x})=\mathrm{sgn}((\boldsymbol{w}^*\cdot\boldsymbol{x})+b^*) \tag{466}$$

其中 $\boldsymbol{w}^*$、b^* 为根据最优解 $(\boldsymbol{\alpha},\boldsymbol{\alpha}^*)$ 构造的原始问题的最优解。

通过引入核函数 $K(\boldsymbol{x}, \boldsymbol{x}')$，可以将非线性可分问题转化为高维空间中的线性可分问题求解，此时的对偶问题为

$$\min_{\boldsymbol{\alpha},\boldsymbol{\alpha}^*} W_{y_1^*,\cdots,y_m^*}(\boldsymbol{\alpha},\boldsymbol{\alpha}^*)=\frac{1}{2}\left[\sum_{i,r=1}^{l}\alpha_i\alpha_r y_i y_r K(\boldsymbol{x}_i,\boldsymbol{x}_r)+\sum_{j,r=1}^{m}\alpha_j^*\alpha_r^* y_j^* y_r^* K(\boldsymbol{x}_j^*,\boldsymbol{x}_r^*)-2\sum_{j=1}^{l}\sum_{r=1}^{m}y_j y_r^*\alpha_j\alpha_r^* K(\boldsymbol{x}_j,\boldsymbol{x}_r^*)\right]-\sum_{i=1}^{l}\alpha_i-\sum_{j=1}^{m}\alpha_j^* \tag{467}$$

$$\text{s.t.}\quad \sum_{i=1}^{l}y_i\alpha_i+\sum_{j=1}^{m}y_j^*\alpha_j^*=0 \tag{468}$$

$$\alpha_i \geqslant 0,\quad i=1,2,\cdots,l \tag{469}$$

$$\alpha_j^*\geqslant 0,\quad j=1,2,\cdots,m \tag{470}$$

对 $\{y_1^*, y_2^*, \cdots, y_m^*\}^{\mathrm{T}}$ 的所有可能的取值情况，通过求解下面的 min min 问题，对应最优解 $(\boldsymbol{\alpha},\boldsymbol{\alpha}^*)$ 的 $(y_1^*, y_2^*, \cdots, y_m^*)^{\mathrm{T}}$ 的取值就是测试集的最终分类情况：

$$\min_{y_1^*,y_2^*,\cdots,y_m^*}\ \min_{\alpha,\alpha^*} W_{y_1^*,y_2^*,\cdots,y_m^*}(\boldsymbol{\alpha},\boldsymbol{\alpha}^*) \tag{471}$$

一般来说，问题式（471）的最优解需要穷尽搜索测试集 $\{x_1^*, x_2^*, \cdots, x_m^*\}$ 的所有 2^m 种分类情况才能得到，对于比较小的测试集，计算量是可以接受的，但对于大的测试集，则需要一些近似的方法来解决 [69]。

对线性不可分的情况，通过引入松弛变量，得到原始最优化问题为

$$\min_{w\in H,b\in\mathbf{R},y^*\in\mathbf{R}^m,\xi,\xi^*} \frac{1}{2}\|\boldsymbol{w}\|^2 + C\sum_{i=1}^{l}\xi_i + C^*\sum_{j=1}^{m}\xi_j^* \tag{472}$$

$$\text{s.t.}\ \ y_i((\boldsymbol{w}\cdot\boldsymbol{x}_i)+b)\geqslant 1-\xi_i,\quad i=1,2,\cdots,l \tag{473}$$

$$y_j^*((\boldsymbol{w}\cdot\boldsymbol{x}_j^*)+b)\geqslant 1-\xi_j^*,\quad j=1,2,\cdots,m \tag{474}$$

$$\xi_i\geqslant 0,\quad i=1,2,\cdots,l \tag{475}$$

$$\xi_j^*\geqslant 0,\quad j=1,2,\cdots,m \tag{476}$$

定理 5.4　对固定的某一个 $(y_1^*, y_2^*, \cdots, y_m^*)^{\mathrm{T}}$，原始问题式（472）~式（476）的对偶问题为

$$\min_{\alpha,\alpha^*} W_{y_1^*,\cdots,y_m^*}(\boldsymbol{\alpha},\boldsymbol{\alpha}^*) = \frac{1}{2}\left[\sum_{i,r=1}^{l}\alpha_i\alpha_r y_i y_r K(\boldsymbol{x}_i,\boldsymbol{x}_r) + \sum_{j,r=1}^{m}\alpha_j^*\alpha_r^* y_j^* y_r^* K(\boldsymbol{x}_j^*,\boldsymbol{x}_r^*) - 2\sum_{i=1}^{l}\sum_{r=1}^{m} y_j y_r^*\alpha_j\alpha_r^* K(\boldsymbol{x}_j,\boldsymbol{x}_r^*)\right] - \sum_{i=1}^{l}\alpha_i - \sum_{j=1}^{m}\alpha_j^* \tag{477}$$

$$\text{s.t.}\ \ \sum_{i=1}^{l} y_i\alpha_i + \sum_{j=1}^{m} y_j^*\alpha_j^* = 0 \tag{478}$$

$$0\leqslant\alpha_i\leqslant C,\quad i=1,2,\cdots,l \tag{479}$$

$$0\leqslant\alpha_j^*\leqslant C,\quad j=1,2,\cdots,m \tag{480}$$

通过求解下面的 min min 问题，即

$$\min_{y_1^*,y_2^*,\cdots,y_m^*}\min_{\alpha,\alpha^*} W_{y_1^*,y_2^*,\cdots,y_m^*}(\boldsymbol{\alpha},\boldsymbol{\alpha}^*) \tag{481}$$

对应最优值的 $(y_1^*, y_2^*, \cdots, y_m^*)^{\mathrm{T}}$ 的取值就是测试集的最终分类情况。

5.2 改进的推理型支持向量机

5.2.1 无约束问题

由于问题式（481）的复杂性，给求解带来了相当的困难。因此，本节考虑将原始问题式（472）~式（476）进行简化。

定理 5.5 问题式（472）~式（476）的解对所有的 $\boldsymbol{x}_i^*$，必有

$$y_i^*((\boldsymbol{w}\cdot\boldsymbol{x}_j^*)+b)\geqslant 0 \tag{482}$$

证明：设问题的解为 $(\boldsymbol{w},b,\boldsymbol{\xi},\boldsymbol{\xi}^*,y_1^*,y_2^*,\cdots,y_m^*)$，若对某个 $\boldsymbol{x}_j^*$ 有 $(\boldsymbol{w}\cdot\boldsymbol{x}_j^*)+b\geqslant 0$，则一定有 $y_j^*=0$。

因为当 $y_j^*=1$ 时，$y_j^*((\boldsymbol{w}\cdot\boldsymbol{x}_j^*)+b)\geqslant 0$，$\xi_j^*\geqslant 1-y_j^*((\boldsymbol{w}\cdot\boldsymbol{x}_j^*)+b)$，对于最小化目标函数必有 $\xi_j^*=0$ 或者 $0\leqslant\xi_j^*=1-y_j^*((\boldsymbol{w}\cdot\boldsymbol{x}_j^*)+b)<1$。

当 $y_j^*=-1$ 时，则 $y_j^*((\boldsymbol{w}\cdot\boldsymbol{x}_j^*)+b)\leqslant 0$，$\xi_j^*\geqslant 1$，比 $y_j^*=1$ 时的目标函数大。

同理，若对某个 $\boldsymbol{x}_j^*$ 有 $(\boldsymbol{w}\cdot\boldsymbol{x}_j^*)+b\leqslant 0$，则一定有 $y_j^*=-1$。

即对所有的 $\boldsymbol{x}_i^*$，必有 $y_j^*((\boldsymbol{w}\cdot\boldsymbol{x}_j^*)+b)\geqslant 0$。

根据定理 5.5，可以将问题式（472）~式（476）中的约束式（474）和式（476）改为

$$\xi_j^*=(1-|(\boldsymbol{w}\cdot\boldsymbol{x}_j^*)+b|)_+,\quad j=1,2,\cdots,m \tag{483}$$

而对于变量 $\xi_i\ (i=1,2,\cdots,l)$，有

$$\xi_i=(1-y_i((\boldsymbol{w}\cdot\boldsymbol{x}_i)+b))_+,\quad i=1,2,\cdots,l \tag{484}$$

其中函数 $(\cdot)_+$ 是单变量函数，即

$$(\varDelta)_+=\begin{cases}\varDelta, & \varDelta\geqslant 0\\ 0, & \varDelta<0\end{cases} \tag{485}$$

据此可将问题式（472）~式（476）化为无约束最优化问题

$$\min_{\boldsymbol{w},b}\frac{1}{2}\|\boldsymbol{w}\|^2+C\sum_{i=1}^{l}(1-y_i((\boldsymbol{w}\cdot\boldsymbol{x}_i)+b))_+ +C^*\sum_{j=1}^{m}(1-|(\boldsymbol{w}\cdot\boldsymbol{x}_j^*)+b|)_+ \tag{486}$$

5.2.2　光滑的无约束问题

由于无约束问题式（486）是非光滑的，所以不能使用通常的最优化问题方法求解，因此考虑对问题式（486）的目标函数的第 2 项与第 3 项做适当修改，将其光滑化，以建立一个与非光滑无约束问题式（486）近似的光滑无约束问题。为此，我们引入非光滑函数 $(\varDelta)_+$ 的近似函数

$$P(\varDelta,\lambda)=\varDelta+\frac{1}{\lambda}\ln(1+e^{-\lambda\varDelta}) \tag{487}$$

其中 $\lambda=0$ 是参数。显然上述函数是光滑的，而且还可以证明，当 $\lambda\to\infty$ 时，函数 $P(\varDelta,\lambda)$ 收敛于 $(\varDelta)_+$。这样无约束最优化问题式（486）的第 2 项可以写成

$$C\sum_{i=1}^{l}P(1-y_i((\boldsymbol{w}\cdot\boldsymbol{x}_i)+b),\lambda) \tag{488}$$

而第 3 项可以写成

$$C^*\sum_{j=1}^{m}P(1-|(\boldsymbol{w}\cdot\boldsymbol{x}_j^*)+b|,\lambda) \tag{489}$$

但是式（489）中仍然有不光滑项 $|\varDelta'|$，为此考虑用下面的函数来光滑近似 $|\varDelta'|$：

$$P'(\varDelta',\mu)=\varDelta'+\frac{1}{\mu}\ln(1+e^{-2\mu\varDelta'}) \tag{490}$$

根据函数 $P(\varDelta,\lambda)$ 的一些性质可以推出函数 $P'(\varDelta',\mu)$ 的性质如下。

定理 5.6 函数 $P'(\varDelta', \mu)$ 是光滑的，且具有以下性质：

（1）$P'(\varDelta', \mu)$ 连续可微；

（2）$P'(\varDelta', \mu)$ 在 $\mathbf{R}$ 上严格凸；

（3）对任意的 $\mu \in \mathbf{R}$，有 $P'(\varDelta', \mu) > |\varDelta'|$；

（4）$\lim\limits_{\mu \to \infty} P'(\varDelta', \mu) = |\varDelta'|, \forall \varDelta' \in \mathbf{R}$。

图 5.2 给出了函数 $P'(\varDelta', \mu)$ 在 $\mu = 5$ 时对 $|\varDelta'|$ 的近似图像。

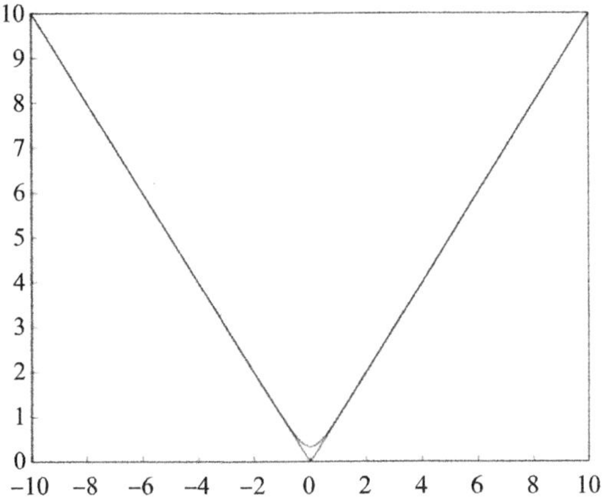

图 5.2 $P'(\varDelta', \mu)$ 的近似图形

此时无约束问题式（486）就近似于最优化问题

$$\min_{w,b} \frac{1}{2} \| \boldsymbol{w} \|^2 + C \sum_{i=1}^{l} P(1 - y_i((\boldsymbol{w} \cdot \boldsymbol{x}_i) + b), \lambda) + C^* \sum_{j=1}^{m} P(1 - P'((\boldsymbol{w} \cdot \boldsymbol{x}_j^*) + b, \mu), \lambda) \quad (491)$$

当 λ、μ 充分大时，光滑无约束问题式（491）的解近似于非光滑无约束问题式（486）。

5.2.3 带有核的光滑无约束问题

如果考虑对输入空间的非线性分划，可以引进从输入空间 X 到希尔伯特空间 H 的映射

$$\Phi: \begin{array}{ccc} X & \to & H \\ \boldsymbol{x} & \to & \boldsymbol{\Phi}(\boldsymbol{x}) \end{array} \tag{492}$$

和核函数

$$K(\boldsymbol{x},\boldsymbol{x}') = (\boldsymbol{\Phi}(\boldsymbol{x})\cdot\boldsymbol{\Phi}(\boldsymbol{x}')) \tag{493}$$

并在问题式（472）~式（476）的目标函数中采用 l_1 模 $\|\boldsymbol{w}\|_1$，得最优化问题

$$\min_{\boldsymbol{w},b,\xi,\xi^*} \|\boldsymbol{w}\|_1 + C\sum_{i=1}^{l}\xi_i + C^*\sum_{j=1}^{m}\xi_j^* \tag{494}$$

$$\text{s.t.}\quad y_i((\boldsymbol{w}\cdot\boldsymbol{x}_i)+b) \geqslant 1-\xi_i\,,\quad i=1,2,\cdots,l \tag{495}$$

$$y_j^*((\boldsymbol{w}\cdot\boldsymbol{x}_i^*)+b) \geqslant 1-\xi_j^*,\quad j=1,2,\cdots,m \tag{496}$$

$$\xi_i \geqslant 0\,,\xi_j^* \geqslant 0\,,i=1,\cdots,l,\quad j=1,2,\cdots,m \tag{497}$$

若 β、β^* 是对偶问题式（477）~式（480）的解，则原始问题式（494）~式（497）对 $\boldsymbol{w}$ 的解可以近似表示为

$$\boldsymbol{w} = \sum_{i=1}^{l} y_i\beta_i\boldsymbol{x}_i + \sum_{j=1}^{m} y_j^*\beta_j^*\boldsymbol{x}_j^* = \sum_{i=1}^{l}(\alpha_i-\bar{\alpha}_i)\boldsymbol{\Phi}(\boldsymbol{x}_i) + \sum_{j=1}^{m}(\alpha_j^*-\bar{\alpha}_j^*)\boldsymbol{\Phi}(\boldsymbol{x}_j^*) \tag{498}$$

利用式（498），可以改造问题式（494）~式（497）如下

$$\min_{\alpha,\bar{\alpha},\alpha^*,\bar{\alpha}^*,b,\xi,\xi^*} \sum_{i=1}^{l}(\alpha_i+\bar{\alpha}_i) + \sum_{j=1}^{m}(\alpha_j^*+\bar{\alpha}_j^*) + C\sum_{i=1}^{l}\xi_i + C^*\sum_{j=1}^{m}\xi_j^* \tag{499}$$

$$\text{s.t.}\quad y_i\left(\sum_{k=1}^{l}(\alpha_k-\bar{\alpha}_k)K(\boldsymbol{x}_k,\boldsymbol{x}_i) + \sum_{k=1}^{m}(\alpha_k^*-\bar{\alpha}_k^*)K(\boldsymbol{x}_k^*,\boldsymbol{x}_i) + b\right) \geqslant 1-\xi_i\,,i=1,2,\cdots,l \tag{500}$$

$$y_j^*\left(\sum_{k=1}^{l}(\alpha_k-\bar{\alpha}_k)K(\boldsymbol{x}_k,\boldsymbol{x}_j^*) + \sum_{k=1}^{m}(\alpha_k^*-\bar{\alpha}_k^*)K(\boldsymbol{x}_k^*,\boldsymbol{x}_j^*) + b\right) \geqslant 1-\xi_j^*\,,i=1,2,\cdots,l \tag{501}$$

$$\xi_i \geqslant 0,\quad i=1,2,\cdots,l \tag{502}$$

$$\xi_j^* \geqslant 0,\quad j=1,2,\cdots,m \tag{503}$$

在这里我们用 $\sum_{i=1}^{l}(\alpha_i+\bar{\alpha}_i)+\sum_{j=1}^{m}(\alpha_j^*+\bar{\alpha}_j^*)$ 来代替 $\|\boldsymbol{w}\|_1$。

与 5.2.2 节的光滑方法类似，通过引入光滑函数 $P(\varDelta, \lambda)$ 与 $P'(\varDelta', \mu)$，可以将问题式（499）~式（503）化为光滑无约束最优化问题

$$\min_{\alpha,\bar{\alpha},\alpha^*,\bar{\alpha}^*,b,\xi,\xi^*} \sum_{i=1}^{l}(\alpha_i+\bar{\alpha}_i)+\sum_{j=1}^{m}(\alpha_j^*+\bar{\alpha}_j^*)+$$
$$C\sum_{i=1}^{l}P(1-y_i(\sum_{k=1}^{l}(\alpha_k-\bar{\alpha}_k)K(\boldsymbol{x}_k,\boldsymbol{x}_i)+\sum_{k=1}^{m}(\alpha_k^*-\bar{\alpha}_k^*)K(\boldsymbol{x}_k^*,\boldsymbol{x}_i)+b),\lambda)+$$
$$C^*\sum_{j=1}^{m}P(1-P'(\sum_{k=1}^{l}(\alpha_k-\bar{\alpha}_k)K(\boldsymbol{x}_k,\boldsymbol{x}_j^*)+\sum_{k=1}^{m}(\alpha_k^*-\bar{\alpha}_k^*)K(\boldsymbol{x}_k^*,\boldsymbol{x}_j^*)+b,\mu),\lambda) \quad (504)$$

当 λ、μ 充分大时，上述问题近似于问题式（499）~式（503），因此求得问题的最优解 $(\boldsymbol{\alpha},\bar{\boldsymbol{\alpha}},\boldsymbol{\alpha}^*,\bar{\boldsymbol{\alpha}}^*,b,\boldsymbol{\xi},\boldsymbol{\xi}^*)$ 后，便可构造出决策函数

$$f(\boldsymbol{x})=\mathrm{sgn}\left(\sum_{k=1}^{l}(\alpha_k-\bar{\alpha}_k)K(\boldsymbol{x}_k,\boldsymbol{x})+\sum_{k=1}^{m}(\alpha_k^*-\bar{\alpha}_k^*)K(\boldsymbol{x}_k^*,\boldsymbol{x})+b\right) \quad (505)$$

并用该决策函数来判断测试集 S 中点的类别。

算法 5.1 改进的推理型支持向量机算法如下。

（1）设已知训练集 $T=\{(\boldsymbol{x}_1,y_1),(\boldsymbol{x}_2,y_2),\cdots,(\boldsymbol{x}_l,y_l)\}$，其中 $\boldsymbol{x}_i\in X=\mathbf{R}^n$, $y_i\in Y=\{-1,1\}\ (i=1,2,\cdots,l)$；已知测试集 $S=\{\boldsymbol{x}_1^*,\cdots,\boldsymbol{x}_m^*\}$，其中 $\boldsymbol{x}_i^*\in X=\mathbf{R}^n$；

（2）选择合适的参数 C 和 C^*，选取合适的核函数 $K(\boldsymbol{x},\boldsymbol{x}^*)$，构造并求解无约束问题式（504），得到最优解 $(\tilde{\boldsymbol{\alpha}},\tilde{\bar{\boldsymbol{\alpha}}},\tilde{\boldsymbol{\alpha}}^*,\tilde{\bar{\boldsymbol{\alpha}}}^*,\tilde{b})$；

（3）构造决策函数 $f(\boldsymbol{x})=\mathrm{sgn}\left(\sum_{k=1}^{l}(\tilde{\alpha}_k-\tilde{\bar{\alpha}}_k)K(\boldsymbol{x}_k,\boldsymbol{x})+\sum_{k=1}^{m}(\tilde{\alpha}_k^*-\tilde{\bar{\alpha}}_k^*)K(\boldsymbol{x}_k^*,\boldsymbol{x})+\tilde{b}\right)$，从而对 S 中的任意测试点由决策函数给出所属类别。

5.2.4 加权的推理型支持向量机

对训练集 T 中正负两类点的数量差异较大的情况，或者更一般地，对每个具有不同重要程度的训练点，与加权的支持向量机类似，可以分别赋予它们不同的惩罚参数 C_i；同时，对测试集 S 中具有不同重要程度的点，也可以赋予不同的权值 C_i^*，其一般模型为

$$\min_{\alpha,\bar{\alpha},\alpha^*,\bar{\alpha}^*,b,\xi,\xi^*} \sum_{i=1}^{l}(\alpha_i+\bar{\alpha}_i)+\sum_{j=1}^{m}(\alpha_j^*+\bar{\alpha}_j^*)+\sum_{i=1}^{l}C_i\xi_i+\sum_{j=1}^{m}C_j^*\xi_j^* \tag{506}$$

$$\text{s.t.}\quad y_i\left(\sum_{k=1}^{l}(\alpha_k-\bar{\alpha}_k)K(\boldsymbol{x}_k,\boldsymbol{x}_i)+\sum_{k=1}^{m}(\alpha_k^*-\bar{\alpha}_k^*)K(\boldsymbol{x}_k^*,\boldsymbol{x}_i)+b\right)\geqslant 1-\xi_i \tag{507}$$

$$y_j^*\left(\sum_{k=1}^{l}(\alpha_k-\bar{\alpha}_k)K(\boldsymbol{x}_k,\boldsymbol{x}_j^*)+\sum_{k=1}^{m}(\alpha_k^*-\bar{\alpha}_k^*)K(\boldsymbol{x}_k^*,\boldsymbol{x}_j^*)+b\right)\geqslant 1-\xi_j^* \tag{508}$$

$$\xi_i\geqslant 0,\quad i=1,2,\cdots,l \tag{509}$$

$$\xi_j^*\geqslant 0,\quad j=1,2,\cdots,m \tag{510}$$

其对应的光滑无约束问题为

$$\begin{aligned}&\min_{\alpha,\alpha^*,b}\sum_{i=1}^{l}(\alpha_i+\bar{\alpha}_i)+\sum_{j=1}^{m}(\alpha_j^*+\bar{\alpha}_j^*)+\sum_{i=1}^{l}C_iP(1-y_i(\sum_{k=1}^{l}(\alpha_k-\bar{\alpha}_k)K(\boldsymbol{x}_k,\boldsymbol{x}_i)+\\&\sum_{k=1}^{m}(\alpha_k^*-\bar{\alpha}_k^*)K(\boldsymbol{x}_k^*,\boldsymbol{x}_i)+b),\lambda)+\sum_{j=1}^{m}C_j^*P\left(1-P'\left(\sum_{k=1}^{l}(\alpha_k-\bar{\alpha}_k)K(\boldsymbol{x}_k,\boldsymbol{x}_j^*)+\right.\right.\\&\left.\left.\sum_{k=1}^{m}(\alpha_k^*-\bar{\alpha}_k^*)K(\boldsymbol{x}_k^*,\boldsymbol{x}_j^*)+b,\mu\right),\lambda\right)\end{aligned} \tag{511}$$

其中 P 和 P' 分别为式（487）和式（490）定义的光滑函数。

将该算法总结如下。

算法 5.2　加权的推理型支持向量机算法如下。

（1）设已知训练集 $T=\{(\boldsymbol{x}_1,y_1),(\boldsymbol{x}_2,y_2),\cdots,(\boldsymbol{x}_l,y_l)\}$，其中 $\boldsymbol{x}_i\in X=\mathbf{R}^n,\ y_i\in Y=\{-1,1\}\ (i=1,2,\cdots,l)$；已知测试集 $S=\{\boldsymbol{x}_1^*,\cdots,\boldsymbol{x}_m^*\}$，其中 $\boldsymbol{x}_i^*\in X=\mathbf{R}^n$；

（2）选择合适的参数 C 和 C^*，选取合适的核函数 $K(\boldsymbol{x},\boldsymbol{x}^*)$，构造并求解无约束问题式（511），得到最优解 $(\tilde{\boldsymbol{\alpha}},\tilde{\bar{\boldsymbol{\alpha}}},\tilde{\boldsymbol{\alpha}}^*,\tilde{\bar{\boldsymbol{\alpha}}}^*,\tilde{b})$；

（3）构造决策函数 $f(\boldsymbol{x})=\operatorname{sgn}\left(\sum_{k=1}^{l}(\tilde{\alpha}_k-\tilde{\bar{\alpha}}_k)K(\boldsymbol{x}_k,\boldsymbol{x})+\sum_{k=1}^{m}(\tilde{\alpha}_k^*-\tilde{\bar{\alpha}}_k^*)K(\boldsymbol{x}_k^*,\boldsymbol{x})+\tilde{b}\right)$，从而对 S 中的任意测试点由决策函数给出所属类别。

5.3 网络入侵检测的新方法

由于问题式（504）的目标函数具有连续的梯度和 Hessian 矩阵，而且是无约束的，所以可以用基本的无约束问题算法求解它。但其目标函数不是凸函数，可能有许多局部最优解，一般的无约束算法可能得不到全局最优解。下面将通过引入全局优化算法——模拟退火算法来求解问题式（504），并将模型应用于网络入侵检测中。

5.3.1 模拟退火算法

模拟退火（Simulated Annealing）算法是一类被称为蒙特卡罗（Monte Carlo）法的随机搜索法，它允许目标函数在增加的方向上做随机的变化。因此，模拟退火算法能跳出局部极小值。该算法在 1953 年由梅特罗波利斯（Metropolis）[70] 提出，它源于对固体退火过程的模拟。退火过程从某一个足够高的温度开始，在此温度下几乎所有的随机运动都是可接受的，接着温度依据某一冷却规则慢慢下降并趋于零，在每一个温度点必须经过足够长的时间系统才能达到稳定状态，最终处在能量最低状态，从而求得优化问题的相对全局最优解。其中优化问题的一个解 x_k 及其目标函数值 $f(x_k)$ 分别与固体的一个微观状态 k 及其能量 E_k 相对应。退火过程中的温度 T 作为随算法进程递减的控制参数。算法采用梅特罗波利斯接受准则，对于算法的每一步，随机产生一个新的候选解。如果这个新解使目标函数减小，那么它是可以接受的；否则要以指数概率的形式来决定它是否可以接受。接受新解的概率 P 为

$$P=\begin{cases}\exp\left(\dfrac{-\Delta f}{T}\right), & -\Delta f>0\\ 1, & -\Delta f\leqslant 0\end{cases} \tag{512}$$

其中 Δf 是由随机扰动引起的目标函数的变化，T 是温度。从式（512）可以看出，对于一个给定的 Δf，当 T 相对较大时，接受使得函数值增加的解的概率大于 T

相对较小时的概率。这样整个算法持续进行“产生新解—判断—接受或者舍弃”的迭代过程而最终找到最优解。具体算法如下。

算法 5.3　模拟退火算法如下。

（1）令 $k=0$，$T=T_0$，T_0 为初始温度，给定参数 L，给定初值 x_0；

（2）由 x_k 随机扰动产生一个新的候选解 x_{k+1}；

（3）计算 $\Delta f=f(x_{k+1})-f(x_k)$；

（4）如果 $\Delta f\leqslant 0$，则接受新解 $x_{k+1}=x_k$，若满足停机准则，则 $x^*=x_{k+1}$，算法中止；否则给出一个服从均匀分布 0~1 的随机数，如果 $\exp(-\Delta f/T)>\lambda$，则接受新解 $x_{k+1}=x_k$；

（5）令 $k=k+1$，如果 $k\leqslant L$，转步骤（2）；

（6）根据温度冷却规则减小 T_0，令 $x_0=x_k$，$k=0$，转步骤（2）。

上述算法中要选择的参数包括温度的初始值 T_0、每个温度下迭代的次数 L 及初始解 x_0。其中模拟退火算法要求 T_0 取得足够大，以保证跳出局部最优解，也就是要保证 $\exp(-\Delta f/T_0)\approx 1$。选取过大的 T_0 会导致算法时间太长，过小的 T_0 会使算法过早地陷入局部最优解。另外，还需要知道温度 T 的下降规则一般取为 $T_{k+1}=\beta T_k$，$0<\beta<1$，并且知道温度的终值。实际上温度的终值通常选择一个接近于 0 的值。

5.3.2　网络入侵检测

网络入侵检测是最近发展起来的一种动态地监控、预防或抵御系统入侵行为的安全机制。入侵检测系统通过监测和分析网络流量、系统审计记录等，发现和识别系统中的入侵行为和入侵企图，给出入侵报警，以便系统管理员采取有效的措施弥补系统漏洞和填补系统。

由于网络的广泛应用，日志数据十分庞大，某些网络攻击行为如域名系统欺骗（DNS Spoofing）、拒绝服务（Denial of Service）、端口扫描等一般很难被直接发现。利用数据挖掘技术，就可以从海量日志中得到正常的和异常的行为模式，从而检测出入侵行为[71]。在入侵检测系统研究中常用的数据挖掘技术有神经网络[72]、遗传算法[73]等，也有研究者利用支持向量机进行了一些实际入侵检测的试验[74]。

从本质上讲，入侵检测实际上是一个分类问题，就是要通过检测把用户正常的行为数据和异常的行为数据分开。其中描述用户行为的数据往往是多指标的。文献 [74] 验证了用支持向量机进行入侵检测的可行性。由于我们关心的仅仅是当前的用户行为，所以这里尝试应用改进的推理型支持向量机，探讨新的入侵检测方法。

试验采用的数据是一批网络连接记录集，这批原始数据是在温克·李（Wenke Lee）于美国国防部高级研究计划局（DARPA）做 IDS 评测时获得的数据的基础上恢复出来的连接信息[75]，包含 7 个星期的网络流量，大约有 500 万条连接记录，其中有大量的正常网络流量和各种攻击，具有很强的代表性。由于数据量非常大，这里我们只取了其中 DoS 类攻击来做试验，并按照文献 [75] 中提供的 DoS 类攻击所需要的检测属性集合确定问题的维数为 18 维。从原始数据集中抽取 200 个正常连接信息数据作为正类点集合，抽取 200 个 DoS 类攻击的连接信息数据作为负类点集合，然后按照一定的比率（6：4）随机将正类点和负类点集合分成训练集和测试集。

对上述组成的分类问题分别用 C–SVM 和改进的推理型支持向量机求解，在求解改进的推理型支持向量机中的优化问题时应用 5.3.1 节介绍的模拟退火算法。两个模型中均采用径向基核函数，试验过程中，对其中的参数 C、C^* 及核函数中的参数 σ 分别采取多个值，给出这些参数的不同组合，测试在不同组合下两个算法的性能，表 5.1 是其中一组组合下的试验结果，这时取 $C=C^*=100$，$\sigma=2$，其中检测精度为测试集中被正确检测的样本数与测试集总样本数的比率；误报率为正常样本被误报为异常的样本数与正常样本数的比率；检测率为被检测出来的异常样本数与异常样本总数的比率。

表 5.1 中的数据表明，用推理型支持向量机可以得到更高的检测精度。当然，试验结果依赖于参数的合理选择，在实际应用中，可以采用交叉验证或者

LOO 误差方法（参见文献 [18]）来确定最优参数，这也是推理型支持向量机将来的研究方向之一。

表 5.1　结果比较

检测项目	*C*–SVM	TSVM
检测精度 /%	79.9	81.2
误报率 /%	0.54	0.47
检测率 /%	77.5	80.1

5.4　小结

本章在介绍已有的一般推理型支持向量机的基本思想、原始问题和对偶问题及其算法的同时，讨论了决策函数中阈值 b 的不唯一性，然后针对一般推理型支持向量机优化问题的复杂性及其特殊性质，通过引入函数 $(\varDelta)_+$ 把原始问题转化为非光滑的无约束问题，进一步通过引入函数 $P(\varDelta, \lambda)$ 把非光滑无约束问题变换为光滑无约束问题，构建了改进的推理型支持向量机。针对训练集中正负两类点数量差异较大的分类问题，仿照加权的支持向量机方法，给出了加权的推理型支持向量机，最后通过引入模拟退火算法来求解，并尝试性地应用到网络入侵检测问题中。

本章给出的改进的推理型支持向量机和标准形式相比有简化的最优化问题，更易于求解，和一般支持向量机有更高的检测精度，而加权的推理型支持向量机在解决正负类别的训练点数目差异较大的问题时，有明显的优势。

第 6 章　基于支持向量机的海水工厂化养殖环境监测

在前面各章中，我们讨论了统计学习理论和支持向量机的理论和算法，构建了求解分类问题的支持向量回归机、几种特殊的中心支持向量分类机及改进的推理型支持向量分类机等。本章将在这些理论和算法的基础上，研究这些新支持向量机模型在海水养殖中的应用。一方面，是为了检验这些模型的有效性和相对标准支持向量机的比较优势；另一方面，通过用支持向量机方法对海水养殖问题的研究，有针对性地探讨用支持向量机解决现实问题时进行模型选择的方法，以便提供解决实际问题的思路，拓宽支持向量机的应用领域。

6.1　海水养殖问题研究的背景和意义

21 世纪将是海洋开发的世纪。当今世界正面临人口膨胀、陆地资源减少、环境恶化等全球性问题。单一的陆地经济已经不能适应总体经济发展的需求，开发占全球表面积 71%、资源极为丰富、开发前景十分广阔的海洋，已经成为解决这一问题的重要出路之一。海洋科学是当前最重要的科学研究领域之一，与原子能技术、航天技术一样，被认为是当代尖端技术。对海洋的研究、开发、利用，已经成为新技术革命的重要支柱[76]。

我国是世界上最早从事渔业生产的国家之一，拥有 18000 多千米的海岸线和约 300 万平方千米的海域。另外，还拥有辽阔的沿海滩涂和内陆水域，发展水产业有着比较优越的地理环境和自然条件。近年来，我国的海洋研究与开发发展迅速，沿海许多省份已经提出“科技兴海”的战略措施，并制定出开发利用海洋的宏伟蓝图。向海洋要财富、变海洋优势为经济发展优势的时代特征，已经在我国显现出来，这必将影响和推动我国海洋水产事业更加迅猛地发展。自 1990 年以来，我国水产品总量一直位居世界第一，水产品总量年均增加 172.1 万吨，年均增长率高达 11.2%，其中海、淡水养殖产量占总产量的 56%，到 2020 年全国水产品总量达到 6545 万吨，其中海、淡水养殖产量占水产品总产量的 65% 以上 [77]。

海水养殖是人类利用海水资源发展经济、改善生活的重要途径。随着海水养殖新兴技术的推广和应用，与过度海洋水产资源捕捞相反的海水养殖业迅速发展。随着海水养殖业逐渐向“海洋渔牧化”发展，以养殖为主体的新兴海水养殖产业结构已经形成。海水养殖品种也已经打破原有的格局，逐渐趋向多元化。海水养殖无论是养殖面积和产量均已经超过淡水养殖,并以迅猛的速度发展，展现了广阔的发展前景。

但是，我国目前的海水养殖也存在着不容忽视的问题，比如近海海水污染严重、养殖技术推广人员数量不足、技术水平不高、防病治病能力不强等。这导致了海水养殖业的整体科技含量低、水产品的数量和质量低等问题，严重制约着海水养殖事业的发展。其中的关键和瓶颈问题是养殖用水环境因子的监测和处理问题。由于水环境因子监测控制不够，加上病毒侵入，20 世纪 80 年代后期，世界各地和我国先后出现大面积、爆发性鱼类和虾蟹类疾病，海水养殖业曾一度出现大的滑坡现象，这在一定程度上影响了广大养殖户发展海水养殖业的信心和积极性。

因此，重视和加强对海水养殖问题的研究，尽快提高海水养殖技术推广人员和管理人员的素质，尤其是从理论和实践两个层面加大对水环境因子的检测监控方法研究，对于解决海水养殖中鱼类疾病的发生这一制约海水养殖业发展的瓶颈问题，保证和推动海水养殖业的持续、稳定、健康发展，具有十分重要的现实和长远意义 [78-79]。

6.2 支持向量机应用于海水养殖问题的提出

近年来，随着工厂化养殖的迅速发展，在养殖设施水平低、管理不规范、大环境日益恶化等因素的影响下，鱼类等病害发生有扩大的趋势。因此，疾病防治、监测问题成为当前海水养殖业持续、健康、稳定发展的重要课题，受到特别关注，并已纳入国家“863”研究计划。

6.2.1 鱼类疾病发生原因与水环境的关系

鱼类与体温恒定的温血动物相比属于冷血动物，因此鱼类的体温与整体代谢活动包括感染反应都与水温有关。

病原微生物在水体中的传播要比在空气中容易，因为水体中所含有的生物和化学物质显然要比空气中复杂得多。比如在水体中氧的含量较低，养殖鱼类就不得不严格依赖于水质、营养及养殖技术和管理策略。这就意味着有较好的养殖技术和管理策略，才会获得更健康的养殖产品和更低的死亡率。如果人们能够通过各种手段改善环境条件，那么即使有病原体存在，养殖鱼类也能较好地成活。

疾病与寄主、环境、病原体三者之间的关系是：疾病是寄主、病原体与环境三者之间相互作用的结果。细菌、病毒、真菌和寄生虫在鱼类身上感染都依赖于环境因子。如果水环境因子造成鱼类受病毒和细菌感染，鱼体免疫系统就遭到破坏，随之而来的就是鱼类出现败血症。病原体或它的毒素将会通过血液扩散而引起病变或出现大面积的肿块，继而内部器官或肌肉产生出血、腹水（腹部有积液）、突眼（泡泡眼）、眼周围出血等症状。这样的鱼类体色变黑，在槽边或池边聚游，主要出血部位在胸鳍和腹鳍，这是细菌或病毒感染的标志。因此，疾病的暴发是与水环境质量密切相关的[80]。

6.2.2 鱼类发生疾病的机理

在 6.2.1 节，我们分析了鱼病发生的主要原因——水环境因子及鱼类发病的通常表现。有时健康的鱼类身上也可能分离出鱼类特有的病原菌。其原因是许多“兼容性”的鱼类病原体细菌和病毒的致病性都受到环境质量的影响，这里的环境质量除了 6.2.1 节谈到的水环境质量，还有饵料质量。在水环境和饵料质量降低的情况下，会产生应激反应，使鱼体免疫力和体质下降，导致外部病原体入侵和疾病的发生。除了水环境因子、饵料质量外，在养殖过程中，人为因素也可能导致疾病的发生（如人在进入养殖工厂时带入病菌等）[81]。

鱼类疾病的发生机理如图 6.1 所示 [80] [82]。

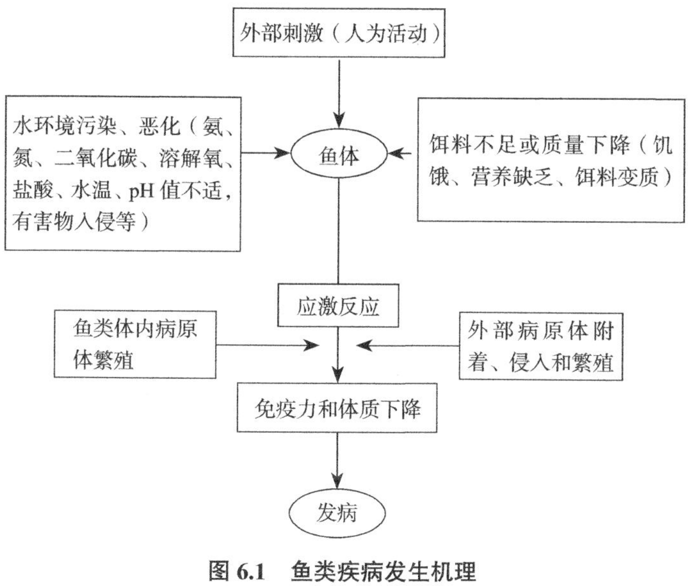

图 6.1　鱼类疾病发生机理

6.2.3　海水养殖问题中构建支持向量机模型处理环境因子的客观条件与优势

通过上述对鱼类疾病发生原因和机理的研究不难发现，在利用海水进行工厂化养殖的过程中，外界刺激即人为活动导致鱼类致病的因素可以忽略。这是因为只要在投放苗种之前和具体施养过程中，对养殖池、棚和管理人员穿戴及用具，按海水养殖规范的要求进行必要的技术处理（如消毒等），就容易避免外界刺激事件的发生。因此，根据鱼类疾病发生机制可以看出，对鱼类疾病的监控，可归结为对水环境因子和饵料元素含量的监控。

对确定的地区、用水海域和养殖对象，按国家制定的海水养殖用水水质和饵料成分检测项目（如水温、pH 值、盐度、溶解氧、氨氮、DHA 等），利用一定的检测手段和工具，对一定数量的养殖池的水环境和使用饵料进行检测，并记录各因子和含量的数据，同时，对池中养殖对象通过观察和解剖，确定和记录是否有疾病症状或其他生长不正常情况。这样，有些数据组对应的养殖对象有疾病症状或其他生长不正常情况，另一些数据组对应养殖对象无疾病症状或其他生长不正常情况。这就把养殖对象有无疾病或其他生长不正常的情况转化为对数据组的分类问题。

当我们把被检测的养殖池个数记为 l，对每个养殖池检测的水环境因子和饵料元素含量因子总个数记为 n，第 i 个因子数据记为 $[\boldsymbol{x}]_i$ $(i = 1, 2, \cdots, n)$，记 $\boldsymbol{x} = ([x]_1, [x]_2, \cdots, [x]_n)^{\mathrm{T}}$，则 $\boldsymbol{x}$ 为 $\mathbf{R}^n$ 空间中的向量；又把养殖对象有疾病症状记为 -1，无疾病症状记为 1，则令 $T = \{(\boldsymbol{x}_1, y_1), (\boldsymbol{x}_2, y_2), \cdots,(\boldsymbol{x}_l, y_l)\}$，其中 $\boldsymbol{x}_i \in \mathbf{R}^n$，$y_i = 1$ 或 -1，就得到支持向量分类机中的训练集。因此，海水养殖问题可以利用支持向量机来解决（具体解决办法见 6.3.3 节）。

如果需要对养殖对象有疾病症状的情况进一步细分，即确定属于哪一类疾病（如淋巴囊肿病、红细胞坏死病、病毒性出血性败血症等），则问题成为对数据组的多类分类问题。

从我们查阅的有关资料和实地考察的情况看，目前国内外海水工厂化养殖中，对水环境因子和饵料元素含量的监控，理论上已经给出了各项因子适合的范围，即给出的标准是一个区间，如大菱鲆生长的水温是 10~20℃、适宜盐度为 20%~32%、光照为 200~600 lx 等，在实际操作中，也是以这些区间为标准进行各项因子的调整。通过大量的调查发现，一些出现鱼病的养殖池，各项因子并没有超出规定的范围。这表明用这种区间控制的方法误差很大，可靠性不够；而用支持向量机方法不事先设定各项因子适宜范围，会较好地克服区间控制的弊端。当然，利用支持向量机通过对养殖对象生长环境进行分类监测，也会有误差，但实践证明这种误差相对较小，这也是区间控制法不可比拟的。另外，在实际操作中，通过检测环境因子发现问题时，目前的调整方法是在水中对各项因子按适用范围试验，添加的元素不易掌握（如含盐量可能加多，也可能加少），而用支持向量机方法可以在计算机上调整特征对应的数值，使输出为 1 时，对应的输入即为在水中要达到的调整目标。这样就使操作既简便易行，又具有更明确的目的性。

因此，支持向量机应用于海水工厂化养殖，对养殖对象生长环境的检测和监控，无论在理论上还是在实践中，都表现出显著的优势。

6.3　支持向量机在大菱鲆养殖中的应用

大菱鲆是欧洲名贵的经济鱼类，分布于东北大西洋沿岸，是远古时期鱼类在进化过程中于欧洲水域形成的特有种类。20 世纪 60—70 年代，英、法等国开始人工养殖，于 90 年代引入我国，目前河北、辽宁、山东三省沿海正在试养。由于该类鱼种名贵，一旦出现大面积暴发性疾病，就会造成巨大的经济损失。因此，针对这种鱼，在河北沿海进行了试验研究：抽取了 100 个养殖池，检测了二十几项环境因子指标，根据水产专家和技术人员的意见，经筛选后，对原始数据保留了 13 项指标。

当我们给出检测数据和确定相应的养殖对象有无疾病症状或生长不正常情况后，即给定了训练集

$$T=\{(\boldsymbol{x}_1,y_1),(\boldsymbol{x}_2,y_2),\cdots,(\boldsymbol{x}_{100},y_{100})\} \tag{513}$$

其中 $\boldsymbol{x}_i=([x_i]_1,[x_i]_2,\cdots,[x_i]_{13})^{\mathrm{T}}\in\mathbf{R}^{13}$，$y_i\in\{-1,1\}$，由此便可以构造出支持向量机，求出相应的决策函数 $f(\boldsymbol{x})$。对任何一个待检测的养殖池，检测它的水环境因子和投放的饵料元素含量是否“合格”，只需将检测有关因子的数据作为支持向量机的输入（一般输入计算机），若输出 1 即为“合格”，而输出为 –1 时，需在国

家颁布的对各项因子规定的范围内，调整相应因子的数据，直至输出是 1 为止。然后，按调整后的因子数据调整水和饵料各项因子含量（此方法尤其适用于投放苗种之前对养殖池水环境的监测），情况严重的还要对池中养殖对象采取必要的治疗等措施。本节将对这些数据组成的分类问题应用前面各章提出的若干支持向量机模型进行求解，包括中心支持向量分类机（PSVM）、推理型支持向量分类机（TSVM），并将结果与标准的支持向量机（C–SVM）比较。

6.3.1 数据预处理

从指标数据中可以发现，有的指标数据取值很小，比如指标氨氮含量为 0.004~0.01，而有的指标数据取值很大，比如指标光照为 200~1200 lx，因此需要对数据进行标准化。这里采用的标准化方法为最小—最大标准化方法。例如氨氮指标 $[x]_i$ 的数据在 0.004~0.01 的范围时，则用最小最大公式：

$$[x_j]_i = \frac{\left([x_j]_i - \min\limits_{j=1,\cdots,100}([x_j]_i)\right)}{\left(\max\limits_{j=1,\cdots,100}([x_j]_i) - \min\limits_{j=1,\cdots,100}([x_j]_i)\right)} \tag{514}$$

按照这种方法可以把数据集标准化为 D'。

将数据集 D' 按照 7 : 3 的比例随机分成两部分，一部分作为训练集 T，所含训练点的数目记为 l（这里 $l = 70$）；一部分作为测试集 S，所含测试点的数目记为 m（这里 $m = 30$）。设训练集中正类点的个数为 T_+，负类点的个数为 T_-，测试集中正类点的个数为 S_+，负类点的个数为 S_-。通过观测数据可以发现，负类点（即有病症的）有 26 个，正类点（即无病症的）有 74 个，两类点个数不均衡。所以在应用上述模型时需要对两类点赋予不同的惩罚参数 C_+ 和 C_-，而 C_+ 和 C_- 按照如下的公式确定：

$$C_+ = C \times \frac{T_-}{l}，\ C_- = C \times \frac{T_+}{l} \tag{515}$$

其中 $C > 0$ 为事先给定的参数。

6.3.2　模型选择

针对上述分类问题，首先要选择合适的算法模型。这里分别选取前面构建出的 3 种支持向量机新模型，分别如下。

（1）加权中心支持向量机模型，要求解的原始问题为

$$\min_{w,\eta,b}\frac{1}{2}(\|w\|^2+b^2)+\frac{C_+}{2}\sum_{y_i=1}\eta_i^2+\frac{C_-}{2}\sum_{y_i=-1}\eta_i^2 \tag{516}$$

$$\text{s.t.}\quad y_i((w\cdot x_i)+b)=1-\eta_i,\quad i=1,2,\cdots,l \tag{517}$$

根据式（369）可得其对偶问题为

$$\min_{\alpha}\frac{1}{2}\sum_{i=1}^{l}\sum_{j=1}^{l}\alpha_i\alpha_j y_i y_j(K(x_i,x_j)+1)+\frac{1}{2C_+}\sum_{y_i=1}\alpha_i^2+\frac{1}{2C_-}\sum_{y_i=-1}\alpha_i^2-\sum_{i=1}^{l}\alpha_i \tag{518}$$

（2）加权的推理型支持向量机模型，其原始问题为式（506）~式（510），这里对正负两类点的惩罚参数分别取 C_+ 和 C_-，测试集中所有点取同样的惩罚参数 C^*，则问题式（506）~式（510）为

$$\min_{\alpha,\bar{\alpha},\alpha^*,\bar{\alpha}^*,b,\xi,\xi^*}\sum_{i=1}^{l}(\alpha_i+\bar{\alpha}_i)+\sum_{j=1}^{m}(\alpha_j^*+\bar{\alpha}_j^*)+C_+\sum_{y_i=1}\xi_i+C_-\sum_{y_i=-1}\xi_i+C^*\sum_{j=1}^{m}\xi_j^* \tag{519}$$

$$\text{s.t.}\quad y_i\left(\sum_{k=1}^{l}(\alpha_k-\bar{\alpha}_k)K(x_k,x_i)+\sum_{k=1}^{m}(\alpha_k^*-\bar{\alpha}_k^*)K(x_k^*,x_i)+b\right)\geqslant 1-\xi_i \tag{520}$$

$$y_j^*\left(\sum_{k=1}^{l}(\alpha_k-\bar{\alpha}_k)K(x_k,x_j^*)+\sum_{k=1}^{m}(\alpha_k^*-\bar{\alpha}_k^*)K(x_k^*,x_j^*)+b\right)\geqslant 1-\xi_j^* \tag{521}$$

$$\xi_i\geqslant 0,\quad i=1,2,\cdots,l \tag{522}$$

$$\xi_j^*\geqslant 0,\quad j=1,2,\cdots,m \tag{523}$$

其对应的光滑无约束问题为

$$\min_{\alpha,\alpha^*} \sum_{i=1}^{l}(\alpha_i+\bar{\alpha}_i)+\sum_{j=1}^{m}(\alpha_j^*+\bar{\alpha}_j^*)+$$

$$C\sum_{y=1}P\left(1-y_i\left(\sum_{k=1}^{l}(\alpha_k-\bar{\alpha}_k)K(\boldsymbol{x}_k,\boldsymbol{x}_i)+\sum_{k=1}^{m}(\alpha_k^*-\bar{\alpha}_k^*)K(\boldsymbol{x}_k^*,\boldsymbol{x}_i)+b\right),\lambda\right)+$$

$$C\sum_{y=1}P\left(1-y_i\left(\sum_{k=1}^{l}(\alpha_k-\bar{\alpha}_k)K(\boldsymbol{x}_k,\boldsymbol{x}_i)+\sum_{k=1}^{m}(\alpha_k^*-\bar{\alpha}_k^*)K(\boldsymbol{x}_k^*,\boldsymbol{x}_i)+b\right),\lambda\right)+$$

$$C\sum P\left(1-P'\left(\sum_{k=1}^{l}(\alpha\ -\bar{\alpha}_k)K(\boldsymbol{x}_k,\boldsymbol{x}_j^*)+\sum_{k=1}^{m}(\alpha_k^*-\bar{\alpha}_k^*)K(\boldsymbol{x}_k^*,\boldsymbol{x}_j^*)+b,\mu\right),\lambda\right) \quad (524)$$

其中 P 和 P' 分别为式（487）和式（490）定义的光滑函数。

（3）加权的标准支持向量机模型，原始问题为

$$\min_{\boldsymbol{w},b,\xi}\frac{1}{2}\|\boldsymbol{w}\|^2+C_+\sum_{y_i=1}\xi_i+C_-\sum_{y_i=-1}\xi_i \quad (525)$$

$$\text{s.t.}\quad y_i((\boldsymbol{w}\cdot\boldsymbol{x}_i)+b)\geqslant 1-\xi_i,\quad i=1,2,\cdots,l \quad (526)$$

$$\xi_i\geqslant 0,\quad i=1,2,\cdots,l \quad (527)$$

其对偶问题为

$$\min_{\alpha}\frac{1}{2}\sum_{i=1}^{l}\sum_{j=1}^{l}y_iy_j\alpha_i\alpha_jK(\boldsymbol{x}_i,\boldsymbol{x}_j)-\sum_{j=1}^{l}\alpha_j \quad (528)$$

$$\text{s.t.}\ \sum_{i=1}^{l}y_i\alpha_i=0 \quad (529)$$

$$0\leqslant\alpha_i\leqslant C_+,\ y_i=1 \quad (530)$$

$$0\leqslant\alpha_i\leqslant C_-,\ y_i=-1 \quad (531)$$

在确定上述 3 个模型之后，就需要选择其中的参数，包括核函数 $K(\boldsymbol{x},\boldsymbol{x}')$ 和 C，以及核函数中的参数。这里我们均选取核函数为径向基核函数

$$K(\boldsymbol{x},\boldsymbol{x}')=\exp\left(-\frac{\|\boldsymbol{x}-\boldsymbol{x}'\|^2}{\sigma^2}\right) \quad (532)$$

这样需要选取的参数为 C 和 σ。

对每个模型，按照网格法选取最优参数，即给出 C 和 C^* 的取值范围 $\{0.1,1,10,100,1000,10000\}$ 及 σ 的取值范围 $\{0.1,0.2,0.5,1,2,5\}$，这样组成参数对 (C,C^*,σ)，对每组参数对的取值，计算 LOO 误差 [18]，取对应最小 LOO 误差的参数对作为最优参数 $(\bar{C},\bar{C}^*,\bar{\sigma})$，结果为：加权的中心支持向量机模型对应最优参数对 $(\bar{C}=10,\bar{\sigma}=2)$；加权的推理型支持向量机对应参数对 $(\bar{C}=100,\bar{C}^*=100,\bar{\sigma}=5)$；加权的标准支持向量机对应最优参数对 $(\bar{C}=10,\bar{\sigma}=1)$。

6.3.3　结果比较

将 6.3.2 节得到的 3 组最优参数代入相应的模型中，得到最终的决策函数，并用来判断检测集 S 中的点，结果如表 6.1 所示。

表 6.1　结果比较

检测项目	C–SVM	TSVM	PSVM
检测精度 /%	90	97	86
误报率 /%	3	0	12.5
检测率 /%	66.7	83.3	66.7

其中检测精度为测试集中被正确检测的样本数与测试集总样本数的比率；误报率为正常样本被误报为异常的样本数与正常样本数的比率；检测率为被检测出来的异常数据样本数与异常样本总数的比率。

6.4　小结

本章首先综述和分析了海水工厂化养殖问题研究的背景和意义，明确了支持向量机应用于这一领域的必要性和应用价值；其次，在查阅大量相关资料的基础上，研究了鱼类发生疾病的原因与水环境和饵料的关系，从而给出了鱼类发生疾病的机理，这就为利用支持向量分类机检测、监控鱼类的生长环境因子奠定了理论基础，论证了支持向量分类机应用于该领域的可能性；然后，选择养殖对象名贵鱼种大菱鲆，在河北省唐山市、秦皇岛市沿海的养殖场随机采集了生长环境数据进行了试验；最后，利用在河北省唐山中惠养殖场取得的数据，使用3种支持向量机算法进行了分类，得到了较好的分类效果。

本章在对实际问题进行深入分析和研究的基础上，结合前面各章给出的支持向量机的特点，有针对性地把海水工厂化养殖环境监测问题转化为可以利用支持向量机求解的问题。其主要创新点是，把目前国内外普遍采用的检测养殖对象生长环境因子的“区间法”变为不设定区间，随机抽取单项因子指标组成n维向量，针对正常与不正常指标向量不均衡的特点，利用加权的支持向量机分类监测，有效地提高了监测的精度，较好地解决了这一实际问题，得到了水产专家和养殖技术人员的肯定。

第 7 章　支持向量机在其他领域的应用

7.1　在地源热泵系统中的应用

7.1.1　地源热泵简介

地源热泵是一种利用地下浅层地热资源（也称地能，包括地下水、土壤或地表水等）供热或制冷的高效节能空调系统。它通过输入少量的高品位能源（如电能），实现低温位热能向高温位热能转移。在地源热泵系统中，地能在冬季作为热泵供暖的热源，在夏季作为空调的冷源，因此，地源热泵不向外界排放任何废气、废水、废渣，是一种理想的利用可再生能源的绿色环保技术，当然也是一种可持续发展的技术。它是在 1912 年由瑞士的泽尔斯（Zoelly）首先提出来的，当时泽尔斯将其命名为“地源热泵”。顾名思义，地源热泵也是热泵中的一种，与空气源热泵类似；而“地源”指的是热泵中的低位热源来自大地。根据利用的低位能源形式的不同，可以将地源热泵分为土壤源热泵（Ground Coupled Heat Pump，GCHP）和水源热泵（Water Source Heat Pump，WSHP）。

地源热泵系统主要得益于地表浅层温度的稳定性。在冬季，地源热泵系统地埋管对主机的供水温度一般为 10~15℃，回水温度一般为 6~10℃。因此，理论上讲，在正常情况下地源热泵系统不需要加注防冻剂。但在工程中，往往理想化的状态很少，例如，受系统换热面积的限制，也就是地埋管钻井数量和深度不够，或者受施工条件限制，深度为 100 米的井在打到 60 米时遇地下岩石结构问题打不下去了。所以，一般情况下地源热泵系统要加注防冻剂。防冻剂的选择是一个最优化选择问题。这里我们尝试采用数据挖掘的新方法——支持向量机，进行优化研究和试验。

地源热泵系统是一种机械蒸汽压缩／制冷循环运行系统，该系统将热量排入地表层或从地表层吸收热量。因此，制冷剂的性能是影响地源热泵系统运行性能的主要因素，其影响程度与热泵机组、运行工况和制冷剂的种类有关。地源热泵以温度恒定的地下土壤为冷热源，运行工况比较稳定，制冷剂最佳性能的确定以制冷模式工况为主。目前地源热泵系统中常用的制冷剂按制冷剂的组分分类，有单一制冷剂和混合制冷剂。其中混合制冷剂一般分为两类，即非共沸混合制冷剂和共沸混合制冷剂。非共沸混合制冷剂的性质接近理想溶液的性质，形成理想溶液的条件是两种组分的分子具有相似的结构。共沸混合物是具有很大偏差的非理想溶液。常用的共沸混合制冷剂有 R_{500}、R_{501}、R_{502}、R_{503}、R_{504}、R_{505}、R_{506}、R_{507} 等，非共沸混合制冷剂有 R_{12}、R_{22}、R_{11}、R_{13}、R_{14}、R_{21}、R_{30}、R_{40} 等。目前多数混合制冷剂都是两个组分的，多组分的混合制冷剂的研制，因涉及制冷量、压缩比、能耗及制冷系数等和制冷性能有关的多个因素，传统方法研制比较烦琐甚至有一定的困难。研制多组分的混合制冷剂，在保证制冷性能的前提下，要考虑经济成本、污染及对设备的腐蚀程度，解决这类问题需要计算和试验相结合的方法，事实上这也是一个最优化选择问题。这里我们同样尝试采用数据挖掘的新方法——支持向量机进行优化研究和试验，以期得到理想的结果。

7.1.2 支持向量机应用于提高防冻剂传热能力的可行性分析

目前地源热泵系统常用的防冻剂有水、氯化钠、氯化钙、甲醇、乙醇、乙二醇、醋酸钾和碳酸钾等。每种防冻剂有各自的特性，包括传热性能、腐蚀性、价格、对人体的毒性、泄漏风险及潜在的风险等。实际使用时，基本上都选用单一的防冻剂，不同的用户选定的浓度比例不同。选择哪一种防冻剂、浓度比例如何确定效果才能最好，至今未见相关报道。当然，这个问题的研究和实践涉及的因素很多，若运用传统的技术方法进行定性定量的分析研究确实相当困难。

这里我们利用数据挖掘的新方法——支持向量机来解决。我们把 n 种防冻剂分别记为 $a_1, a_2, \cdots, a_n$。a_i 既表示第 i 种防冻剂，同时也表示第 i 种防冻剂一定浓度的数量，这样即可构成一个 n 维向量（$a_1, a_2, \cdots, a_n$），对每个分量给出浓度和数量，就可给出 l 个 n 维向量。根据地源热泵系统的设计要求和所处地理位置的客观条件（如地表温度、地埋管的抗腐蚀性等），确定出混合配比后的防冻剂传热能力标准，比如记为 A，大于等于 A 的认为合格，小于 A 的认为不合格。在对 l 个 n 维向量进行试验的过程中，比如有 l_1 个记录大于等于 A 的个数，赋予标号 1，小于 A 的有 l_2 个，赋予标号 –1。这样就给出了 l 个训练点，其中正类点 l_1 个，负类点 l_2 个，由此构成了训练集 $T=\{(\boldsymbol{x}_1, y_1), (\boldsymbol{x}_2, y_2), \cdots, (\boldsymbol{x}_l, y_l)\}$，其中 $\boldsymbol{x}_i = (a_{i1}, a_{i2}, \cdots, a_{in})$，$y_i = \pm 1\ (i=1, 2, \cdots, l)$。因此，寻找最优的配比问题,可以由支持向量分类机给出决策函数 $f(\boldsymbol{x})$,利用 $f(\boldsymbol{x})$ 给出最优的配比方案，即若干种防冻剂混合配比。寻找既价格低廉、腐蚀性小，又具有较高传热能力的混合防冻剂，可以用支持向量分类机的决策函数 $f(\boldsymbol{x})$ 来求解。

7.1.3 支持向量机应用于构造混合制冷剂的可行性分析

目前地源热泵系统常用的制冷剂有 R_{500}、R_{501}、R_{502}、R_{503}、R_{504}、R_{505}、R_{506}、R_{507}、R_{12}、R_{22}、R_{11}、R_{13}、R_{14}、R_{21}、R_{30}、R_{40} 等。每种制冷剂有各自的特性，包括传热性能、腐蚀性、价格、对人体的毒性、泄漏及潜在的风险等。实际使用时，基本上都是选用单一的或两种混合的制冷剂，不同的用户选定的浓度比例不同。选择哪一种制冷剂、浓度比例如何确定效果才能最好，至今未见相关报道。当然，这个问题的研究和实践涉及的因素很多，若运用传统的技术方法进行定性定量的分析研究确实相当困难。

这里我们利用数据挖掘的新方法——支持向量机来解决。我们把 n 种制冷剂分别记为 $a_1, a_2, \cdots, a_n$。a_i 既表示第 i 种制冷剂，同时也表示第 i 种制冷剂一定浓度的数量，这样即可构成一个 n 维向量（$a_1, a_2, \cdots, a_n$）。对其每个分量给出浓度和数量，就可给出 l 个 n 维向量。根据地源热泵系统的设计要求和所处地理位置的客观条件（如地表温度、地埋管的抗腐蚀性等），确定出混合配比后的制冷剂的制冷性能标准，比如记为 A。大于等于 A 的认为合格，小于 A 的认为不合格。在对 l 个 n 维向量进行试验的过程中，比如记录大于等于 A 的个数有 l_1 个，赋予标号 1，小于 A 的有 l_2 个，赋予标号 –1。这样就给出了 l 个训练点，其中正类点 l_1 个，负类点 l_2 个，由此构成了训练集 $T=\{(\boldsymbol{x}_1, y_1), (\boldsymbol{x}_2, y_2), \cdots, (\boldsymbol{x}_l, y_l)\}$，其中 $\boldsymbol{x}_i=(a_{i1}, a_{i2}, \cdots, a_{in})$，$y_i=\pm 1\ (i=1, 2, \cdots, l)$。因此，寻找最优的配比问题，可以由支持向量分类机给出决策函数 $f(\boldsymbol{x})$，利用 $f(\boldsymbol{x})$ 给出最优的配比方案，即若干种制冷剂混合配比。寻找既价格低廉、腐蚀性小，又具有较高制冷性能的混合制冷剂，可以用支持向量分类机的决策函数 $f(\boldsymbol{x})$ 来求解。

7.2　在教师教育师资队伍评价中的应用

7.2.1　教师教育师资队伍建设简介

百年大计，教育为本。教育大计，教师为本。教师是教育事业的第一资源和核心要素。高等教育自诞生以来，其内涵并未发生根本性转变，即高等教育是培养高级专门人才的社会活动，是在完成中等教育的基础上进行的专业教育。高等教育的核心问题仍是师资问题。教师教育承担着培养、培训基础教育师资的重任，关系着现实和未来整个国民教育，而教师教育质量的决定因素仍然是教师队伍。因此，对教师教育师资队伍建设问题进行研究，具有重大的理论价值和现实意义。教师教育师资队伍建设研究涉及方方面面。这里我们针对教师教育师资队伍建设的评价问题进行探索，通过评价发现问题，同时给出解决问题的办法。

推进教师教育师资队伍建设，尽快提高教师教育师资队伍的整体素质和水平，科学的评价机制和方法无疑会起到杠杆作用。如何对教师教育师资队伍进行科学有效的评价？无论从理论层面还是实践层面，都有亟待解决的问题。由于教师队伍建设是一个长期的过程，也是一个复杂的社会系统工程，对其内涵的认识也不尽相同，因此对教师队伍建设和发展的理念、内容、方法等的认识也不完全一致，各地见之于实际工作层面的评价对建立教师队伍的评价体系无疑具有重要意义，但成熟公认的评价模式仍未建立起来。教师队伍建设有理想追求，也有现实目标，其内涵随着时代的进步不断发生变化，评价教师队伍既要解决现实问题，又要通过评价引领和指导未来发展。

基于上述认识和分析，这里我们选择举办教师教育的同层次学校为样本，用主成分分析的方法，选择评价的项目，着眼于教师教育师资队伍整体项目的综合评价，以专家意见为参照，引进最新的数据挖掘方法——支持向量机，对教师队伍进行分类评价：一方面给出现阶段设定目标的合格或不合格的量化描述；另一方面给出不合格学校的评价项目的调整方法，通过评价找到教师教育师资队伍建设和发展的分项建设目标，从而使各学校的师资队伍不断提高横向与纵向的建设水平。其中横向是指各学校之间的比较，纵向是指时间概念上或未来的更高层次的建设水平。

7.2.2　支持向量机应用于教师教育师资队伍评价的可行性分析

我们选择层次相近的举办教师教育的学校为评价对象（比如地方高师院校），确定一定数量的（比如 l 所）学校为样本。针对教师教育的特殊性，通过分析，选出和师资队伍质量有关的主要项目指标：生师比，记为 a_1；教师队伍的年龄，记为 a_2（这里按年龄段比例计数值）；教师队伍学历，记为 a_3（这里按博士研究生、硕士研究生和本科的比例确定）；教师队伍专业技术职务，记为 a_4（这里按教授、副教授、讲师、高级教师、中级教师的比例确定）；教师队伍人均从事基础教育教学时间，记为 a_5；教师队伍承担的教育教学研究项目，记为 a_6（这里按不同级别比例计数）；教师队伍承担专业科研项目，记为 a_7（这里按不同级别比例计数）；教师队伍担任专业学术组织职务，记为 a_8（这里按不同级别比例计数）。这样，每所学校就对应着一个 8 维向量（$a_1, a_2, \cdots, a_8$），从而得到 l 个 8 维向量 $\boldsymbol{x}_1$，$\boldsymbol{x}_2$，$\cdots$，$\boldsymbol{x}_l$，根据各级教育行政部门以往对这些样本学校教师队伍综合评价的意见，合格的记为 1，不合格的记为 –1，即可得到训练集（或者样本集）$T=\{(\boldsymbol{x}_1, y_1), (\boldsymbol{x}_2, y_2), \cdots, (\boldsymbol{x}_l, y_l)\}$，其中 $\boldsymbol{x}_i$（$i=1, 2, \cdots, l$）是 8 维向量，y_i（$i=1, 2, \cdots, l$）是 ±1。有了训练集 T 即可有针对性地构建最优化模型，通过求解最优化模型，构建决策函数 $f(\boldsymbol{x})$。利用由样本学校师资队伍的相关数据得到的决策函数 $f(\boldsymbol{x})$，即可评价同层次任何一所学校是否合格，即计算任何一所学校的 8 个项目的数值，得到一个 8 维向量 $\boldsymbol{x}$，代入 $f(\boldsymbol{x})$，若 $f(\boldsymbol{x})=1$，该学校合格，若 $f(\boldsymbol{x})=-1$，该学校不合格。把支持向量机算法编成系统程序软件，对于 $f(\boldsymbol{x})=-1$ 的 $\boldsymbol{x}$，可以在计算机上调整 $\boldsymbol{x}$ 的分量，并记录调整的分量值；当 $f(\boldsymbol{x})=1$ 时，调整结束，这样就可以明确地告诉我们，哪些学校不合格，哪些项目不合格，为达到合格的目标对这些项目调整的最小值，从而给出了学校师资队伍整改的分项量化目标及方法，避免了学校师资队伍建设和发展的盲目性，防止头痛医头、脚痛医脚的现象发生。利用支持向量机的决策函数 $f(\boldsymbol{x})$ 进行评估，既可以避免以往组织专家组对所有学校评估的现象，同时也解决了仅有定性分析、缺乏量化评价的问题。随着经济社会的发展，各学校师资队伍素质不断提高，评估专家要对合格的标准重新规定，即取得 1 的标准会更高，这时再重新构建支持向量机算法进行全面评价，根据评价结果对一些学校进行再整改，就可不断地提高教师队伍建设和发展的水平。

7.3 在义务教育学校均衡发展评价中的应用

7.3.1 义务教育均衡发展简介

实现义务教育均衡发展是构建和谐社会的基石和价值尺度。推进义务教育均衡发展既是我国教育发展的战略选择，也是落实科学发展观和建设社会主义和谐社会的基本要求。从认识层面看，这实质上是一个教育发展方式转变的问题。要促进和实现义务教育均衡发展，必须首先实现教育方式的根本转变，即由普及义务教育的数量满足型向实施素质教育的质量满足型转变。推进义务教育均衡发展，从操作层面看，其基础是学校的均衡发展，因为学校是教育教学的基本实施机构。一方面，教育资源配置，即教育主要的“硬件”与“软件”资源，包括生均教育经费、校舍、教学实验仪器设备、图书资料等，特别是教师资源的配置应相对均衡；另一方面，学生应在德、智、体、美、劳等方面均衡发展、全面发展。均衡发展的最终目标，就是要合理配置教育资源，办好每一所学校。

推进义务教育均衡发展，尽快实现区域内义务教育均衡发展的目标，有方方面面的工作要做。如何对义务教育均衡发展进行科学有效地评价？无论从理论层面还是实践层面，都有亟待解决的问题。由于教育均衡发展既是一个长期的过程，也是一个复杂的社会系统工程，对其内涵的认识也不尽相同，因此对义务教育均衡发展的理念、内容、方法等认识上也不完全一致，各地见之于实际工作层面的评价对建立义务教育均衡发展评价体系无疑具有重要意义，但成熟公认的评价模式仍未建立起来。教育均衡发展是理想追求，也是现实目标，其内涵随着时代的进步不断发生变化，评价义务教育均衡发展既要解决现实问题，又要通过评价引领和指导未来发展。

基于上述认识和分析，这里我们以同层次义务教育学校为评价对象，用主成分分析的方法，选择评价的项目，着眼于整体项目的综合评价，以专家意见为参照，引进最新的数据挖掘方法——支持向量机，对同层次义务教育学校进行分类评价：一方面给出现阶段的合格或不合格的量化描述；另一方面给出不合格学校的评价项目的调整方法，通过评价找到促进均衡发展的目标，从而使义务教育学校不断提高横向与纵向的均衡化水平。这里横向是指现阶段各学校的均衡化水平，纵向是指时间概念上或未来的更高层次的均衡化水平。

7.3.2　支持向量机应用于义务教育学校均衡发展评价的可行性分析

我们选择一个区域的同层次义务教育学校（比如农村初级中学）为评价对象，分析与义务教育学校办学质量有关的主要项目指标，参考各级政府教育督导评价义务教育学校的项目指标，确定出评价的主要项目指标：生均预算内经费，记为 a_1；生均预算内公用经费，记为 a_2；生均校舍建筑面积，记为 a_3；生均教学仪器设备数（如多媒体辅助教学设备、计算机、理化生实验设备等），记为 a_4；教师学历合格率，记为 a_5；中级以上专业技术职务教师比率，记为 a_6；生均图书册数（包括纸质和电子图书），记为 a_7；生师比，记为 a_8；学生辍学率，记为 a_9；学生升学率，记为 a_{10}；学生毕业率，记为 a_{11}；师均县级以上教改项目主项数，记为 a_{12}；学校管理人员年龄结构、学历结构等反映管理水平的综合评价量化值，记为 a_{13}。这样，每所学校就对应着一个 13 维向量（$a_1, a_2, \cdots, a_{13}$），根据被评价区域的大小，随机选择并确定一定数量的学校，比如 100 所，可以得到 100 个 13 维向量 $\boldsymbol{x}_1$，$\boldsymbol{x}_2$，$\cdots$，$\boldsymbol{x}_{100}$，然后根据政府督导专家对各学校的督导意见，合格的记为 1，不合格的记为 –1，即可得到训练集（或者样本集）$T=\{(\boldsymbol{x}_1, y_1), (\boldsymbol{x}_2, y_2), \cdots, (\boldsymbol{x}_{100}, y_{100})\}$，其中 $\boldsymbol{x}_i$（$i=1, 2, \cdots, 100$）是 13 维向量，y_i（$i=1, 2, \cdots, 100$）是 ± 1。有了训练集 T 即可有针对性地构建最优化模型，通过求解最优化模型，构建决策函数 $f(\boldsymbol{x})$。利用此决策函数 $f(\boldsymbol{x})$，即可评价本区域任何一所学校是否合格，即计算任何一所学校的 13 个项目的数值，得到一个 13 维向量 $\boldsymbol{x}$，代入 $f(\boldsymbol{x})$，若 $f(\boldsymbol{x})=1$，该学校合格，若 $f(\boldsymbol{x})=-1$，该学校不合格。把支持向量机算法编成系统软件，对于 $f(\boldsymbol{x})=-1$ 的 $\boldsymbol{x}$，可以在计算机上调整 $\boldsymbol{x}$ 的分量，并记录调整的分量值，当 $f(\boldsymbol{x})=1$ 时，调整结束，这样就可以明确地告诉我们，哪些学校不合格，哪些项目不合格，为达到合格的目标这些项目调整的最小值，从而给出了学校整改的量化目标及方法，避免了学校建设和发展的盲目性。利用支持向量机的决策函数 $f(\boldsymbol{x})$，可以评价区域内的所有学校，这样既可以短期内不再大规模组织督导专家全面评估，同时也解决了仅有定性分析、缺乏量化评价的问题。随着区域内经济社会的发展、义务教育办学水平的不断提升，督导专家要对合格的标准重新规定，即取得 1 的标准会更高，这时再重新构建支持向量机算法进行全面评价，根据评价结果对一些学校进行再整改，就可不断地提升学校均衡发展的水平。

7.4　在商务采购决策管理中的应用

7.4.1　商务采购决策简介

采购是一种非常常见的活动，从日常生活到企业运作，人们都离不开它。采购是采购人员或采购单位基于各种目的和要求购买商品或劳务的一种行为，也是一项不可或缺的经济活动。采购对于一个企业来讲，不仅仅是买东西，而且是企业经营的核心环节，是企业利润的重要来源，企业采购成功与否在一定程度上影响着企业的竞争力。采购与采购管理往往是企业竞争优势的来源之一。随着全球市场一体化和信息时代的到来，专业流通能够发挥其巨大的作用，导致采购的比重大大增加，即战略性地决定企业运作环节，战略性地决定商品组成件的来源及其分布，也使采购及其管理的作用提升到一个新的高度。因此，正确地认识采购的地位、加强采购决策与管理，既是现代化企业在全球化、信息化激烈竞争中赖以生存的基本条件，也是现代企业不断发展壮大的必然要求。

然而，目前很多企业，尤其是一些中小企业，仍然存在对采购决策管理重视不够、凭经验管理、粗放型经营、运作过程缺乏量化、科技含量低等问题。这导致了采购活动的盲目性，直接或间接地影响了整个企业的运作和企业核心竞争力。为提高采购决策水平，实现采购的科学化管理，我们在此提供一种基于数据挖掘的新方法——支持向量机的采购决策管理方法。

7.4.2　支持向量机应用于商场采购决策的可行性

任何商场的经营面积、仓储面积及周转资金是相对固定的，经营商品的品种尽管数量很大，却也是有限的，因此每次采购商品的品种和各种商品的采购数量都是在一定范围内的。若某商场经营品种最多 n 种，某一次采购数据为 $(a_1, a_2, \cdots, a_n)$，其中 a_i 是第 i 种商品的采购数量，$a_i \geqslant 0\ (i=1, 2, \cdots, n)$，这批商品出售后盈利为 A，A 是这批商品售出后的总毛利润与总成本的差值，$A>0$ 用

1 表示，$A\leqslant 0$ 用 −1 表示。这样，每批商品采购计划的 $(a_1, a_2, \cdots, a_n)$ 对应 1 时可行，对应 −1 时不可行，这是显而易见的。我们选取该商场过去进行的 l 批采购数据，计算出每批采购数据对应的 1 或 −1，这就给出了支持向量机中的训练集 $T=\{(\boldsymbol{x}_1, y_1), (\boldsymbol{x}_2, y_2), \cdots, (\boldsymbol{x}_l, y_l)\}\in(\mathbf{R}^n\times y)^l$，其中 $x_i\in\mathbf{R}^n$, $\boldsymbol{x}_i$ 是一个 n 维向量，代表第 i 次采购计划，分量是商品的采购数量，$y_i=\pm 1$ 是上述采购数据对应的 $\pm 1, y_i\in y=\{-1,1\}\,(i=1, 2, \cdots, l)$。由此可以利用支持向量机给出决策函数 $f(\boldsymbol{x})$，利用 $f(\boldsymbol{x})$ 对以后每一个采购计划的可行性进行决策。故支持向量机应用于采购决策是可行的。

7.5　在棚栽植物生长环境监测中的应用

7.5.1　温室农业简介

随着科技的进步，原有农业种植方式已经不能满足社会发展的需要，必须对传统的农业进行技术更新和改革。经过多年的实践，人们总结出一种新的种植方法，即“人工设施控制环境因素，使作物获得最适宜的生长条件，从而延长生长季节，获得最佳的产出”，这种农业生产方式称为温室农业，也称为工厂化农业。在发达国家，将这种农业生产方式称为温室工业。这种农业生产方式最大的特点是不受环境的限制，可以在任何条件下按照人们事先设计的方式生产，从而可以取得高产、高效的效果。在世界范围内，温室农业已成为高科技农业发展的一大趋势。为适应这一发展趋势，提高植物生长环境监测的科技水平，对生长环境监测，尤其是在线监测的研究，是非常有意义的工作。

7.5.2　基于支持向量机的棚栽植物生长环境监测的客观条件与优势

对无土栽培温室模式来说，涉及的植物生长环境因子有温度、湿度、CO_2、光照、EC 和营养液中的元素。我们与农业技术人员共同研究，确定其主要因素比如有 n 项（如温度、湿度、CO_2、光照、EC、氮、磷、钾等）。选择一定数量的温室，如 l 个，对每一个温室检测 n 项因子的数值，第 i 个因子数据记为 $[x]_i$ $(i = 1, 2, \cdots, n)$，记 $\boldsymbol{x} = ([x]_1, [x]_2, \cdots, [x]_n)^{\mathrm{T}}$，则 $\boldsymbol{x}$ 为 $\mathbf{R}^n$ 中的向量。又把植物生长正常的温室记为 1，不正常的记为 –1。令 $T=\{(\boldsymbol{x}_1, y_1), (\boldsymbol{x}_2, y_2), \cdots, (\boldsymbol{x}_l, y_l)\}$，其中 $\boldsymbol{x}_i \in \mathbf{R}^n$ $(i=1, 2, \cdots, l)$，$y_i=1$ 或 –1，T 就是支持向量分类机中的训练集。因此，棚栽植物生长环境监测问题可以利用支持向量机求解。

目前，世界范围内对棚栽植物生长环境的监测，理论上已经给出了各项目的正常范围，即给出的标准是一个区间。在实际操作中也按照这些区间的标准进行各项目的调整。通过大量调查考证发现，一些出现问题的温室，其各项目并没有超出规定的范围。这表明用区间控制的方法误差很大，可靠性不够。比如湿度调整好后，调整温度又会影响到湿度，缺乏综合调整的手段。而用支持向量机方法监测的优势在于不事先设定各项目的区间，且整体考虑各项目，出现 –1 时，可以在计算机上调整项目对应的数值，达到输出值为 1 时即为合格的生长环境数据，操作简便易行，且有明确的目标。

参考文献

[1] Cortes C, Vapnik V. Support Vector Networks[J]. Machine Learning, 1995, 20:273-295.

[2] Vapnik V. The Nature of Statistical Learning Theory [M]. New York: Springer, 1995.

[3] Vapnik V. 统计学习理论的本质 [M]. 张学工，译 . 北京 : 清华大学出版社，2000.

[4] Vapnik V. Statistical Learning Theory[M]. New York:Wiley, 1998.

[5] Bartlett P L, Shawe-Taylor J. Generalization Performance on Support Vector Machines and other Pattern Classifiers[C] // Scholkopf B, Burges C, Smola A. Advances in Kernel Methods-Support Vector Learning. Cambridge, Mass: MIT Press, 1999.

[6] Joachims T. Text Categorization with Support Vector Machines: Learning with Many Relevant Features[C] // Proceedings of the European Conference on Machine Learning. Berlin: Springer, 1998:137-142.

[7] Gish H, Schimdt M. Text-indepenten Speaker Identification[J]. IEEE Transactions on Signal Processing Magazine, 1994, 42(1), 18-32.

[8] Osuna E, Freund R, Girosi F. Improved Training Algorithm for Support Vector Machines[C] // 7th IEEE Workshop on Neural Networks for Signal Processing NNSP'97 IEEE, 1997, 276-285.

[9] Heisele B. Hierarchical Classification and Feature Reduction for Fast Face Detection with Support Vector Machines[J]. Pattern Recognition, 2003 (36), 2007-2017.

[10] Walavalkar L. Support Vector Learning for Gender Classification Using Audio and Visual Cues[J]. International Journal of Pattern Recognition and Artificial Intelligence, 2003, 17(3), 417-439.

[11] Mike F, James R. Computer Intrusion Detection with Classification and Anomaly Detection Using SVMs[J]. International Journal of Pattern Recognition and Artificial Intelligence, 2003, 17(3), 441-458.

[12] Mukherjee S. Classifying Microarray Data Using Support Vector Machines[C] // Berrar D P. A practical Approach to Microarray Data Analysis. Boston, MA: Kluwer Academic Publishers, 2003, 9, 166-185.

[13] Brown M, Lewis G H, Gunn R S. Linear Spectral Mixture Models and Support Vector Machines for Remote Sensing[J]. IEEE Transactions on Geoscience and Remote Sensing, 1998.

[14] Cherkassky V, Mulier F. Learning from Data:Concepts,Theory and Methods[M]. NY: John Viley Sons, 1997.

[15] Vapnik V, Levin E, Le Cun Y. Measuring the VC-dimension of a Learning Machine[J]. Neural Computation, 1994, 6:851-876.

[16] Burges C J C. A Tutorial on Support Vector Machines for Pattern Recognition[J]. Data Mining and Knowledge Discovery, 2(2):121-167, 1998.

[17] Boser B, Guyon I, Vapnik V. A Training Algorithm for Optimal Margin Classifiers[C] // Fifth Annual Workshop on Computational Learning Theory. Pittsburgh:ACM Press, 1992.

[18] 邓乃扬，田英杰. 数据挖掘中的最优化方法——支持向量机 [M]. 北京：科学出版社，2004.

[19] Schölkopf B, Smola A J. Learning with Kernels-Support Vector Machines, Regularization, Optimization, and Beyond[M]. Cambridge Mass: MIT Press, 2002.

[20] Schölkopf B, Burges C J C, Smola A J, et al. Advances in Kernel Methods-Support Vector Learning[M]. Cambridge Mass: MIT Press, 1999.

[21] Muller R, Smola A J, Ratsch G, et al. Predicting Time Series with Support Vector Machines[J]. Lecture Notes in Computer Science, 1997, 999-1005.

[22] Vapnik V, Lemer A. Patern Recognition Using Generalized Portrait Method[J]. Automation and Rcmotc Control, 1963:24.

[23] Vapnik V. Estimation of Dependence Based on Empirical Data[M]. New York: Springer-Verlag, 1982.

[24] Cones C C, Vapnik V. The Soft Margin Classifier[J]. Technical Memorandum I 1359-931209-18TM, AT&T Bell Labs, 1993.

[25] Scholkopf B. Comparing Support Vector Machines with Gaussian Kernels to Radial Basis

Function Classifier[J]. IEEE Transactions on Signal Processing, 1997, 45(11).

[26] Scholkopf B, Smola A, Muller K R. Kernel Principal Component Analysis[J]. Proc. of ICANN'97, 1997: 583-589.

[27] Scholkopf B, Smola A. A Tutorial on Support Vector Regression [R]. NeuroCOLT2 Technical Report Series NC2-TR-1998-030, 1998(10).

[28] Scholkopf B, Smola A, Vapnik V. Prior Knowledge in Support Vector Kernels[C] // Jordan M, Kearn M, Solla S. Advances in Neural Information Processing Systems 10. Cambridge Mass: MIT Press, 1998: 640-646.

[29] Scholkopf B, Smola A, Williamson R. C, et al. New Supporl Vector Algorithms[J]. Neural Computation, 2000, 12(5): 1207-1245.

[30] Scholkopf B, Plat J C, Shawe-Taylor J, et al. Estimating the Support of a High-dimensional Distribution[J]. Neural Computation, 2001, 13(7): 1443-1471.

[31] Smola A. Generalization Bounds for Convex Combinations of Kernel Functions[C] // Smola A. NeuroCOLT2 Technical Report series, NC2-TR-1998-020, July, 1998.

[32] Smola A. Learning with kernels[M]. Cambridge Mass: MIT Press, 2001.

[33] Osuna E, Freund R, Girosi F. Support Vector Machines: Training and Applications[J]. AI Memo 1602, MIT AI Lab, 1997.

[34] Friess T T, Christianimi C N, Campbell C. The Kernel Adatron Algorithm: a Fast and Simple Learning Procedure for Support Vector Machines[C] // Proceeding of 15th Intel Con Machine Learning. San Mateo, California: Morgan Kaufman Publishers, 1998.

[35] Mangasarian O L, Musicant D R. Successive Overrelaxation for Support Vector Machines[J]. IEEE Transactions on Neural Networks and Learing System, 1999, 10(5): 1032-1037.

[36] Suykens J, Vandewalle J. Least Square Support Vector Machine Classifiers[J]. Neural Processing Leters, 1999, 9(3): 293-300.

[37] Chew Hong-Gunn, Bogner Robert E, Lim Cheng-Chew. Dual Nu-support Vector Machine with Error Rate and Training Size Biasing[J]. Proceedings of 26th IEEE ICASSP 2001, 2001: 1269-1272.

[38] Chew Hong-Gunn, Crisp D J, Bogner R E, et al. Target Detection in Radar Imagery Using Support Vector Machines with Training Size Biasing[C] // Proceedings of The Sixth International Conference on Control, Automation, Robotics and Vision, Singapore, 2000.

[39] Lin Chun-Fu, Wang Sheng-De. Fuzzy Support Vector Machines[J]. IEEE Transactions on Neural Networks, 2002, 13(2): 464-471.

[40] Suykens J, Branbanter J D, Lukas L, et al. Weighted Least Squares Support Vector Machines: Robustness and Spare Approximation[J]. Neurocomputing, 2002, 48(1): 85-105.

[41] Lee Y J, Mangasarian O L. RSVM: Reduced Support Vector Machines[C] // Proceedings of the First SIAM International Conference on Data Mining, 2001.

[42] Mangasarian O L, Musicant D R. Lagrangian Support Vector Machines[J]. Journal of Machine Learning Research, 2001, 1: 161-177.

[43] Knerr S. Single-layer Learning Revisited: A Stepwise Procedure for Building and Training a Neural Network[C] // Fogelman Soulie. Neuro Computing: Algorithms, Architectures and Applications, NATOASI. Springer, 1990.

[44] Blanz V, Vapnik V, Burges C. Multicalss Discrimination with an Extended Support Vector Machine[J]. AT&T Bell Labs, 1995

[45] Platt J. Large Margin DAGs for Multiclass Classification[C] // Advances in Neural Information Processing Systems 12. Cambridge Mass. MIT Press, 2000: 547-553.

[46] Joachims T. Estimating the Generalization Performance of an SVM Efficiently[C] // Langley P. Proceedings of the 17th International Conference on Machine Learning, San Franscisco, California, 2000: 431-438.

[47] Vapnik V, Chapelle O. Bounds on Error Expectation for Support Vector Machines[J]. Neural Computation, 12(9), 2000.

[48] Chapelle O, Vapnik V, Bacsquest O, et al. Choosing Multiple Parameters for Support Vector Machines[J]. Machine Learning, 2002, 46(1): 131-159.

[49] 邓乃扬，诸梅芳 . 最优化方法 [M]. 沈阳：辽宁教育出版社，1987.

[50] 刘宝光 . 非线性规划 [M]. 北京：北京理工大学出版社，1988.

[51] 袁亚湘，孙文瑜 . 最优化理论与方法 [M]. 北京：科学出版社，1997.

[52] 张建中，许绍吉 . 线性规划 [M]. 北京：科学出版社，1990.

[53] Bazara M S, Shetty C M. Nonlinear Programming, Theory and Algorithms[M]. New York: John Wiley and Sons, 1979.

[54] Fletcher R. Constrained Optimization[M]. New York: Wiley, 1981.

[55] Kuhn H, Tucker A. Nonliear Programming[C] // Proceedings of 2nd Berkeley Symposium on Mathematical Statistics and Probabilistics. Berkeley, CA: University of California Press, 1951: 481-492.

[56] Nash S G, Sofer A. Linear and Nonlinear Programming[J]. McGraw-Hill Companies, Inc. USA, 1996.

[57] Chang C C, Hsu C W, Lin C J. The Analysis of Decomposition Methods for Support Vector Machines[C] // Workshop on Support Vector Machines, IJCAI, 1999.

[58] John C P. Fast Training of Support Vector Machines Using Sequential Minimal Optimization[C] // Scholkopf B. Advances in Kernel Methods-Support Vector Learning. Cambridge, Mass: MITPress, 1999: 185-208.

[59] KeerthiS S. Convergence of a Generalized SMO Algorithm for SVM Classifier Design TRCD-00-01 Control Division Dept. of Mecha.and Prod[J]. Engineering National University of Singapore, Singapore, 2000.

[60] KeerthiS S. Improvements to Platt's SMO Algorithm for SVM Classier Design[J]. TRCD-99-14, Dept. of Mecha. and Prod. Engin. National Uni. of Singapore, 1999.

[61] Hsu C W. A Simple Decomposition Method for Support Vector Machines[J]. TechnicalReport, National Taiwan University, 1999.

[62] Friess T T. The Kernel-adatron Algorithm: A Fast and Simple Learning Procedure for Support Vector Machines[J]. ICML98, 1998:188-196.

[63] Vijayakumar S, Wu S. Sequential Support Vector Classifiers and Regression[J]. Proc.Inter.Con. on Soft Computing(SOCO'99), Genoa, Italy, 1999:610-619.

[64] Ahmed S N. Incremental Learning with Support Vector Machines (IJCAI99) [J]. Workshop on Support Vector Machines, Stockholm, Sweden, August 2, 1999.

[65] Cauwenberghs G T, Poggio. Incremental and Decremental Support Vector Machine[J]. Machine Learning. 2001, 13.

[66] Zhang X G. Using Class-center Vectors to Build Support Vector Machines[J]. Proceedings of NNSP'99, 1999.

[67] Fung G, Mangasarian O L. Proximal Support Vector Machine Classifiers[J]. KDD 2001 San Francisco CA USA, 2001.

[68] Lin C F, Wang S D. Fuzzy Support Vector Machines[J]. IEEE Transactions on Neural Networks, 2002, 13(2).

[69] 边肇祺，张学工 . 模式识别 [M]. 北京：清华大学出版社，2000.

[70] Metropolis N, Rosenbluth A, Rosenbluth M, et al. Equation of State Calculations by Fast Computing Machines[J]. Journal of Chemical Physics, 1953, 21 (6):1087-1092.

[71] Lee W, Stolfo S. Data Mining Approaches for Intrusion Detection [EB/OL]. http://www.cs.columbia.edu wenke: papers/usenix/usenix.html,2000-10-12/2002-03-01.

[72] Ghosh A K, Schwartzbard A. A Study in Using Neural Networks for Anomaly and Misuse Detection[J]. The 8th USENIX Security Symposium.Washington DC, 1999.

[73] Balajinath B, Raghavan S V. Intrusion Detection Through Learning Behavior Model[J]. Computer Communication, 2001, 24(12): 1202-1212

[74] 李辉 . 基于支持向量机的网络入侵检测 [J]. 计算机研究与发展，2003，40（6）：23-25.

[75] Lee W, Stolfo S, Mok K W. A Datamining Framework for Building Intrusion Detection Models[J]. The 1999 IEEE Symposium on Security and Privacy, Oakland, CA, 1999.

[76] 姚善成，丛娇日 . 海水鱼类养殖技术 [M]. 青岛：青岛海洋大学出版社，1998.

[77] 刘世禄 . 水产养殖苗种培育技术手册 [M]. 北京：中国农业出版社，2000.

[78] 蔡良候 . 无公害海水养殖综合技术 [M]. 北京：中国农业出版社，2003.

[79] 于淼，李蜀葩 . 无公害水产养殖新技术与标准化管理实用全书 [M]. 北京：当代中国音像出版社，1999.

[80] 雷霁霖 . 大菱鲆养殖技术 [M]. 上海：上海科学技术出版社，2003.

[81] 梁英，孙世春，魏建功 . 海水生物饵料培养技术 [M]. 青岛：青岛海洋大学出版社，1998.

[82] Howell B R. Development of Turbot Farming in Europe[J].Bulletin of the Agriculture Association of Canada, 1998, (1):4-10.

附　录

附录 A　基础知识

A.1　基本定义

定义 A.1　内积　设向量 $\boldsymbol{x}=([x]_1,[x]_2,\cdots,[x]_n)^{\mathrm{T}}$，$\boldsymbol{y}=([y]_1,[y]_2,\cdots,[y]_n)^{\mathrm{T}}\in\mathbf{R}^n$，称 $\boldsymbol{x}^{\mathrm{T}}\boldsymbol{y}=\sum_{i=1}^{n}[x]_i[y]_i$ 为这两个向量的内积。

定义 A.2　向量的范数　称 $\|\boldsymbol{x}\|$ 为 $\mathbf{R}^n$ 中向量 $\boldsymbol{x}$ 的范数，如果

$$\|\boldsymbol{x}\|=(\boldsymbol{x}^T\boldsymbol{x})^{1/2}=\left(\sum_{i=1}^{k}[x]_i^2\right)^{1/2} \tag{A.1}$$

定义 A.3　邻域　对于给定点 $\boldsymbol{x}\in\mathbf{R}^n$ 和 $\varepsilon>0$，称 $N_\varepsilon(\boldsymbol{x})=\{\boldsymbol{y}\mid\|\boldsymbol{y}-\boldsymbol{x}\|<\varepsilon\}$ 为 $\varepsilon-$邻域。

定义 A.4　内点和开集　设 $S\subseteq\mathbf{R}^n$，并设 $\boldsymbol{x}\in S$，称 $\boldsymbol{x}$ 为 S 的内点，如果存在 $\boldsymbol{x}$ 的一个 $\varepsilon-$邻域包含于 S 中，即如果存在一个 $\varepsilon>0$，使得 $\|\boldsymbol{y}-\boldsymbol{x}\|<\varepsilon$ 蕴含着 $\boldsymbol{y}\in S$，所有这样的内点的集合称为 S 的内部，并用 int S 表示。另外，称 S 为开集，如果 $S=\operatorname{int}S$。

定义 A.5　闭包和闭集　设 S 是 $\mathbf{R}^n$ 中一任意集合。如果对每个 $\varepsilon>0$，$S\cap N_\varepsilon(\boldsymbol{x})\neq\varnothing$，称点 $\boldsymbol{x}$ 属于 S 的闭包。用 cl S 表示 S 的闭包。如果 $S=\operatorname{cl}S$，称集合 S 为闭集。

定义 A.6　紧集　设集合 $S\subseteq\mathbf{R}^n$。如果它是闭有界的，称 S 为紧的。

定理 A.1　对于紧集 S 中的每个序列 $\{\boldsymbol{x}_k\}$ 都存在收敛子序列，且其极限在 S 中。

定义 A.7　连续函数　如果对任何给定的 $\varepsilon>0$，存在一个 $\delta>0$，使得当

$x \in S$ 且 $\|x-\bar{x}\| < \delta$ 时，有 $|f(x)-f(\bar{x})| < \varepsilon$，称函数 $f: S \to R$ 为在点 $\bar{x} \in S$ 连续。如果一个向量值函数的每个分量在 $\bar{\boldsymbol{x}}$ 连续，称它在 $\bar{\boldsymbol{x}}$ 连续。如果 f 在 S 的每个点连续，称 f 在 S 上连续。

定理 A.2　Schwartz 不等式　设 $\boldsymbol{x}$ 和 $\boldsymbol{y}$ 是 $\mathbf{R}^n$ 中两个向量，若令 $|\boldsymbol{x}^{\mathrm{T}}\boldsymbol{y}|$ 表示 $\boldsymbol{x}^{\mathrm{T}}\boldsymbol{y}$ 的绝对值，则

$$|\boldsymbol{x}^{\mathrm{T}}\boldsymbol{y}| \leqslant \|\boldsymbol{x}\| \, \|\boldsymbol{y}\| \tag{A.2}$$

定义 A.8　线性无关　如果 $\sum_{i=1}^{k} \lambda_i \boldsymbol{x}_i = 0$ 蕴含着 $\lambda_i = 0\ (i = 1, 2, \cdots, k)$，称 $\mathbf{R}^n$ 中的 k 个向量 $\boldsymbol{x}_1, \boldsymbol{x}_2, \cdots, \boldsymbol{x}_k$ 是线性无关的。

定义 A.9　正定和半正定　设 $\boldsymbol{A}$ 是 $m \times n$ 阶对称矩阵，如果对 $\mathbf{R}^n$ 中任意非零向量 $\boldsymbol{x}$ 有 $\boldsymbol{x}^{\mathrm{T}}\boldsymbol{A}\boldsymbol{x} > 0$，称 $\boldsymbol{A}$ 为正定的，如果对 $\mathbf{R}^n$ 中任意向量 $\boldsymbol{x}$ 有 $\boldsymbol{x}^{\mathrm{T}}\boldsymbol{A}\boldsymbol{x} \geqslant 0$，称 $\boldsymbol{A}$ 为半正定的。

定义 A.10　凸壳　设集合 $S \subset \mathbf{R}^n$ 是由 $\mathbf{R}^n$ 中的 k 个点组成的集合，即 $S = \{\boldsymbol{x}_1, \boldsymbol{x}_2, \cdots, \boldsymbol{x}_i\}$，定义 S 的凸壳 Conv(S) 为

$$\mathrm{Conv}\,(S) = \left\{ \boldsymbol{x} = \sum_{j=1}^{k} \lambda_j \boldsymbol{x}_j \,\middle|\, \sum_{j=1}^{k} \lambda_j = 1,\ \lambda_j \geqslant 0,\ j = 1, 2, \cdots, k \right\} \tag{A.3}$$

定义 A.11　下降方向　设 $f(\boldsymbol{x}): \mathbf{R}^n \to \mathbf{R}$ 是 $\mathbf{R}^n$ 上的函数。如果存在 $\delta > 0$，使得对任意的 $\lambda \in (0,\ \delta)$，有

$$f(\boldsymbol{x} + \lambda \boldsymbol{d}) < f(\boldsymbol{x}) \tag{A.4}$$

称 $\boldsymbol{d} \in \mathbf{R}^n$ 为 f 在点 $\boldsymbol{x}$ 处的下降方向。

定义 A.12　可行方向锥　设 S 是 $\mathbf{R}^n$ 中一非空集合，并设 $\boldsymbol{x} \in \mathrm{cl}\, S$。如果 D 可表示为

$$D = \{\boldsymbol{d} \mid \boldsymbol{d} \neq 0,\ \text{存在}\ \delta > 0,\ \text{使得对}\ \lambda \in (0, \delta),\ \text{有}\ \boldsymbol{x} + \lambda \boldsymbol{d} \in S\} \tag{A.5}$$

称 D 为在点 $\boldsymbol{x}$ 的可行方向锥。

定义 A.13　超平面　称集合 $H = \{\boldsymbol{x} \mid \boldsymbol{p}^{\mathrm{T}}\mathbf{x} = \alpha\}$ 为 $\mathbf{R}^n$ 中的一个超平面，其中 $\boldsymbol{p}$ 是 $\mathbf{R}^n$ 中非零向量，α 是一个数。称向量 $\boldsymbol{p}$ 为该超平面的法向量。

A.2　梯度和 Hessian 矩阵

定义 A.14　设 $f(\boldsymbol{x})$ 是 $\boldsymbol{x}=([x]_1,[x]_2,\cdots,[x]_n)^{\mathrm{T}}$ 的函数。称 n 维向量 $\left(\frac{\partial}{\partial[x]_1}f(\bar{\boldsymbol{x}}),\frac{\partial}{\partial[x]_2}f(\bar{\boldsymbol{x}}),\cdots,\frac{\partial}{\partial[x]_n}f(\bar{\boldsymbol{x}})\right)^{\mathrm{T}}$ 为函数 $f(\boldsymbol{x})$ 在点 $\bar{\boldsymbol{x}}$ 处的梯度，并记为 $\nabla f(\boldsymbol{x})$，即

$$\nabla f(\bar{\boldsymbol{x}})=\left(\frac{\partial}{\partial[x]_1}f(\bar{\boldsymbol{x}}),\frac{\partial}{\partial[x]_2}f(\bar{\boldsymbol{x}}),\cdots,\frac{\partial}{\partial[x]_n}f(\bar{\boldsymbol{x}})\right)^{\mathrm{T}} \tag{A.6}$$

定义 A.15　设 $f(\boldsymbol{x})$ 是 $\boldsymbol{x}=([x]_1,[x]_2,\cdots,[x]_n)^{\mathrm{T}}$ 的函数，称 $n\times n$ 阶矩阵

$$\begin{pmatrix}
\frac{\partial^2}{\partial[x]_1^2}f(\bar{\boldsymbol{x}}) & \frac{\partial^2}{\partial[x]_1\partial[x]_2}f(\bar{\boldsymbol{x}}) & \cdots & \frac{\partial^2}{\partial[x]_1\partial[x]_n}f(\bar{\boldsymbol{x}})\\
\frac{\partial^2}{\partial[x]_2\partial[x]_1}f(\bar{\boldsymbol{x}}) & \frac{\partial^2}{\partial[x]_2^2}f(\bar{\boldsymbol{x}}) & \cdots & \frac{\partial^2}{\partial[x]_2\partial[x]_n}f(\bar{\boldsymbol{x}})\\
\vdots & \vdots & & \vdots\\
\frac{\partial^2}{\partial[x]_n\partial[x]_1}f(\bar{\boldsymbol{x}}) & \frac{\partial^2}{\partial[x]_n\partial[x]_2}f(\bar{\boldsymbol{x}}) & \cdots & \frac{\partial^2}{\partial[x]_n^2}f(\bar{\boldsymbol{x}})
\end{pmatrix} \tag{A.7}$$

为函数 $f(\boldsymbol{x})$ 在点 $\bar{\boldsymbol{x}}$ 处的 Hessian 矩阵，并记为 $\nabla^2 f(\bar{\boldsymbol{x}})$，即

$$\nabla^2 f(\bar{\boldsymbol{x}})=\left(\frac{\partial^2}{\partial[x]_i\partial[x]_j}f(\bar{\boldsymbol{x}})\right) \tag{A.8}$$

A.3　方向导数

A.3.1　一阶方向导数

设 $f(\boldsymbol{x})$ 为 $\boldsymbol{x}=([x]_1,[x]_2,\cdots,[x]_n)^{\mathrm{T}}$ 的函数。为研究当变量 $\boldsymbol{x}$ 从某点 $\bar{\boldsymbol{x}}$ 出发，沿某方向 $\boldsymbol{d}$ 移动时其函数值的变化速率，我们引进（一阶）方向导数的概念。

定义 A.16　对任意给定的非零向量 $\boldsymbol{d}$，若极限 $\lim\limits_{\lambda\to 0^+}\frac{f(\bar{\boldsymbol{x}}+\lambda\boldsymbol{d})-f(\bar{\boldsymbol{x}})}{\lambda\|\boldsymbol{d}\|}$ 存在，

则称该极限值为函数 $f(\boldsymbol{x})$ 在点 $\bar{\boldsymbol{x}}$ 处沿方向 $\boldsymbol{d}$ 的一阶方向导数，或简称为方向导数，并记为 $\frac{\partial}{\partial \boldsymbol{d}} f(\bar{\boldsymbol{x}})$，即

$$\frac{\partial}{\partial \boldsymbol{d}} f(\bar{\boldsymbol{x}}) = \lim_{\lambda \to 0^+} \frac{f(\bar{\boldsymbol{x}} + \lambda \boldsymbol{d}) - f(\bar{\boldsymbol{x}})}{\lambda \|\boldsymbol{d}\|} \tag{A.9}$$

定理 A.3 若函数 $f(\boldsymbol{x})$ 具有连续的一阶偏导数，则它在 $\bar{\boldsymbol{x}}$ 处沿方向 $\boldsymbol{d}$ 的一阶方向导数可表示为

$$\frac{\partial}{\partial \boldsymbol{d}} f(\bar{\boldsymbol{x}}) = \frac{\nabla f(\bar{\boldsymbol{x}})^{\mathrm{T}} \boldsymbol{d}}{\|\boldsymbol{d}\|} \tag{A.10}$$

A.3.2 二阶方向导数

定义 A.17 对任意给定的非零向量 $\boldsymbol{d}$，若极限

$$\lim_{\lambda \to 0^+} \frac{\frac{\partial}{\partial \boldsymbol{d}} f(\bar{\boldsymbol{x}} + \lambda \boldsymbol{d}) - \frac{\partial}{\partial \boldsymbol{d}} f(\bar{\boldsymbol{x}})}{\lambda \|\boldsymbol{d}\|} \tag{A.11}$$

存在，则称该极限为函数 $f(\boldsymbol{x})$ 在 $\bar{\boldsymbol{x}}$ 处沿方向 $\boldsymbol{d}$ 的二阶方向导数，并记为 $\frac{\partial^2}{\partial \boldsymbol{d}^2} f(\bar{\boldsymbol{x}})$，即

$$\frac{\partial^2}{\partial \boldsymbol{d}^2} f(\bar{\boldsymbol{x}}) = \lim_{\lambda \to 0^+} \frac{\frac{\partial}{\partial \boldsymbol{d}} f(\bar{\boldsymbol{x}} + \lambda \boldsymbol{d}) - \frac{\partial}{\partial \boldsymbol{d}} f(\bar{\boldsymbol{x}})}{\lambda \|\boldsymbol{d}\|} \tag{A.12}$$

定理 A.4 若函数 $f(\boldsymbol{x})$ 具有连续的二阶偏导数，则它在 $\bar{\boldsymbol{x}}$ 处沿方向 $\boldsymbol{d}$ 的二阶方向导数可表示为

$$\frac{\partial^2}{\partial \boldsymbol{d}^2} f(\bar{\boldsymbol{x}}) = \left(\frac{\boldsymbol{d}}{\|\boldsymbol{d}\|} \cdot \nabla^2 f(\bar{\boldsymbol{x}}) \frac{\boldsymbol{d}}{\|\boldsymbol{d}\|} \right) = \frac{\boldsymbol{d}^{\mathrm{T}} \nabla^2 f(\bar{\boldsymbol{x}}) \boldsymbol{d}}{\|\boldsymbol{d}\|^2} \tag{A.13}$$

其中 $\nabla^2 f(\bar{\boldsymbol{x}})$ 是 $f(\boldsymbol{x})$ 在 $\bar{\boldsymbol{x}}$ 处的 Hessian 矩阵。

A.4 泰勒展开式

当单变量函数$f(x)$具有连续的一阶导数时，它在点$\bar{x}$处有下列泰勒展开式：

$$f(x)=f(\bar{x})+f'(\bar{x})(x-\bar{x})+o(x-\bar{x}) \tag{A.13}$$

当单变量函数$f(x)$具有连续的二阶导数时，它在点$\bar{x}$处有下列泰勒展开式：

$$f(x)=f(\bar{x})+f'(\bar{x})(x-\bar{x})+\frac{1}{2}f''(\bar{x})(x-\bar{x})^2+o(\|x-\bar{x}\|^2) \tag{A.14}$$

对于多变量函数$f(\boldsymbol{x})$，$\boldsymbol{x}\in\mathbf{R}^n$也有类似结果。

定理 A.5 若函数$f(\boldsymbol{x})$具有连续的一阶偏导数，则它在点$\bar{\boldsymbol{x}}$处有下列泰勒展开式：

$$f(\boldsymbol{x})=f(\bar{\boldsymbol{x}})+\nabla f(\bar{\boldsymbol{x}})^{\mathrm{T}}(\boldsymbol{x}-\bar{\boldsymbol{x}})+o(\|\boldsymbol{x}-\bar{\boldsymbol{x}}\|) \tag{A.15}$$

定理 A.6 若函数$f(\boldsymbol{x})$具有连续的二阶偏导数，则它在点$\bar{\boldsymbol{x}}$处有下列泰勒展开式：

$$f(\boldsymbol{x})=f(\bar{\boldsymbol{x}})+\nabla f(\bar{\boldsymbol{x}})^{\mathrm{T}}(\boldsymbol{x}-\bar{\boldsymbol{x}})+\frac{1}{2}(\boldsymbol{x}-\bar{\boldsymbol{x}})^{\mathrm{T}}\nabla^2 f(\bar{\boldsymbol{x}})(\boldsymbol{x}-\bar{\boldsymbol{x}})+o(\|\boldsymbol{x}-\bar{\boldsymbol{x}}\|^2) \tag{A.16}$$

另外，对单变量函数$f(x)$来说，若它在开区间$(a,\ b)$上有连续一阶导数时，对任意的$x_1, x_2\in(a, b)$存在$\lambda\in(0, 1)$，使得

$$f(x_2)=f(x_1)+f'(\bar{x})(x_2-x_1) \tag{A.17}$$

定理 A.7 中值定理 设S是$\mathbf{R}^n$中一非零开凸集，并设$f: S\to R$可微，则对S中任意两点$\boldsymbol{x}_1$和$\boldsymbol{x}_2$，存在$\lambda\in(0, 1)$，使得

$$f(\boldsymbol{x}_2)=f(\boldsymbol{x}_1)+\nabla f(\bar{\boldsymbol{x}})^{\mathrm{T}}(\boldsymbol{x}_2-\boldsymbol{x}_1) \tag{A.18}$$

其中$\bar{\boldsymbol{x}}=\lambda\boldsymbol{x}_1+(1-\lambda)\boldsymbol{x}_2$。

A.5 分离定理

定理 A.8 闭凸集投影定理 设S是$\mathbf{R}^n$中一闭凸集，并且$y\notin S$。考虑S中的各点$\boldsymbol{x}$到$\boldsymbol{y}$的最小距离问题

$$\min \| \boldsymbol{x}-\boldsymbol{y} \| \tag{A.19}$$

$$\text{s.t.} \quad \boldsymbol{x} \in S \tag{A.20}$$

则 S 中存在唯一的点 $\bar{x}$，使 $\bar{x}$ 与 $\boldsymbol{y}$ 的距离为最小值，即上述最优化问题有唯一极小点，而且，$\bar{x}$ 是极小点的充要条件是对任意的 $\boldsymbol{x} \in S$，有 $(\boldsymbol{x}-\bar{\boldsymbol{x}})^{\mathrm{T}}(\bar{\boldsymbol{x}}-\boldsymbol{y}) \geqslant 0$。

定理 A.9　Farkas 引理　设给定 n 维向量 $\boldsymbol{\alpha}_1, \boldsymbol{\alpha}_2, \cdots, \boldsymbol{\alpha}_r$ 和 $\boldsymbol{w}$，若只要 n 维向量 $\boldsymbol{d}$ 满足 $\boldsymbol{\alpha}_i^{\mathrm{T}}\boldsymbol{d} \leqslant 0$ $(i = 1, 2, \cdots, r)$，就有 $\boldsymbol{w}^{\mathrm{T}}\boldsymbol{d} \leqslant 0$，则存在非负数 $\alpha_1, \alpha_2, \cdots, \alpha_r$，使得

$$\boldsymbol{w} = \sum_{i=1}^{r} \alpha_i \boldsymbol{\alpha}_i \tag{A.21}$$

定理 A.10　假定 $f: \mathbf{R}^n \to \mathbf{R}$ 在 $\bar{x}$ 可微，如果有一个向量 $\boldsymbol{d}$ 使得 $\nabla f(\bar{\boldsymbol{x}})^{\mathrm{T}}\boldsymbol{d} < 0$，则存在一个 $\delta > 0$，使得对任意 $\lambda \in (0, \delta)$，有 $f(\bar{\boldsymbol{x}} + \lambda \boldsymbol{d}) < f(\bar{\boldsymbol{x}})$，因而 $\boldsymbol{d}$ 是 f 在 $\bar{x}$ 的一个下降方向。

定理 A.11　设 $f: \mathbf{R}^n \to \mathbf{R}$ 是可微函数，考虑

$$\min f(\boldsymbol{x}) \tag{A.22}$$

$$\text{s.t.} \quad \boldsymbol{x} \in S \tag{A.23}$$

其中 S 是 $\mathbf{R}^n$ 中一非空集合。若 $\bar{x}$ 是局部最优解，则 $F_0 \cap D = \varnothing$，其中 $F_0 = \{\boldsymbol{d} : \nabla f(\bar{\boldsymbol{x}})^{\mathrm{T}}\boldsymbol{d} < 0\}$，而 D 是 S 在 $\bar{x}$ 的可行方向锥。

定理 A.12　Fritz John 必要条件　考虑一般约束问题

$$\min f(\boldsymbol{x}), \boldsymbol{x} = (x_1, x_2, \cdots, x_n)^{\mathrm{T}} \in \mathbf{R}^n \tag{A.24}$$

$$\text{s.t.} \quad c_i(\boldsymbol{x}) \leqslant 0, \quad i = 1, 2, \cdots, p \tag{A.25}$$

$$c_i(\boldsymbol{x}) = 0, \quad i = p+1, p+2, \cdots, p+q \tag{A.26}$$

设函数 $f(\boldsymbol{x})$, $c_i(\boldsymbol{x})$ $(i=1, 2, \cdots, p+q)$ 是连续可微的，若 $\bar{x}$ 为该问题的局部解，$\bar{A}$ 为 $\bar{x}$ 处的有效集，则存在不全为零的数 $\alpha_0, \alpha_i (i \in \bar{A} \cap \{1, 2, \cdots, p\})$ 和 $\boldsymbol{\beta} = (\beta_{p+1}, \beta_{p+2}, \cdots, \beta_{p+q}) \in \mathbf{R}^q$，使得 FJ 条件成立，即

$$\alpha_0 f(\bar{\boldsymbol{x}})+\sum_{i\in \bar{A}\cap\{1,\cdots,p\}}\alpha_i\nabla c_i(\bar{\boldsymbol{x}})+\sum_{i=p+1}^{p+q}\beta_i\nabla c_i(\bar{\boldsymbol{x}})=0 \tag{A.27}$$

$$\alpha_0,\alpha_i\geqslant 0,\quad i\in\bar{A} \tag{A.28}$$

定理 A.13　强分离　设 S_1 和 S_2 是 $\mathbf{R}^n$ 中的闭凸集，并设 S_1 有界。若 $S_1\cap S_2$ 是空集，则存在一个非零向量 $\boldsymbol{p}$ 和 $\varepsilon>0$，使得

$$\inf\{\boldsymbol{p}^{\mathrm{T}}\boldsymbol{x}:\boldsymbol{x}\in S_1\}\geqslant\varepsilon+\sup\{\boldsymbol{p}^{\mathrm{T}}\boldsymbol{x}:\boldsymbol{x}\in S_2\} \tag{A.29}$$

定理 A.14　择一定理　设 $\boldsymbol{A}$ 是 $m\times n$ 矩阵，$\boldsymbol{c}\in\mathbf{R}^m$，则方程组 $\boldsymbol{Ax}\leqslant\boldsymbol{c}$ 有解（无解）的充要条件是方程组 $\boldsymbol{A}^{\mathrm{T}}\boldsymbol{y}=0$，$\boldsymbol{c}^{\mathrm{T}}\boldsymbol{y}=-1$，$\boldsymbol{y}\geqslant\boldsymbol{0}$ 无解（有解）。

附录 B　希尔伯特空间

B.1　向量空间

定义 B.1　如果满足下列条件（1）和（2），称集合 X 为一个向量空间。

（1）定义 X 上的加法运算，即对任意的 $\boldsymbol{x}$，$\boldsymbol{y}\in X$，存在 $\boldsymbol{u}\in X$，称 $\boldsymbol{u}$ 为 $\boldsymbol{x}$、$\boldsymbol{y}$ 之和，记作 $\boldsymbol{u}=\boldsymbol{x}+\boldsymbol{y}$。该运算满足如下定律：

① $\boldsymbol{x}+\boldsymbol{y}=\boldsymbol{y}+\boldsymbol{z}$；

②（$\boldsymbol{x}+\boldsymbol{y}$）$+\boldsymbol{z}=\boldsymbol{x}+$（$\boldsymbol{y}+\boldsymbol{z}$）；

③ 对任意的 $\boldsymbol{x}\in X$，存在唯一的 $\boldsymbol{\theta}\in X$，使得 $\boldsymbol{x}+\boldsymbol{\theta}=\boldsymbol{\theta}+\boldsymbol{x}$；

④ 对任意的 $\boldsymbol{x}\in X$，存在唯一的 $\boldsymbol{x}'\in X$，使得 $\boldsymbol{x}+\boldsymbol{x}'=\boldsymbol{\theta}$，记此 $\boldsymbol{x}'$ 为 $-\boldsymbol{x}$；

（2）定义数 $\alpha\in\mathbf{R}$ 与 $\boldsymbol{x}\in X$ 的数乘运算，即对任意的 $(\alpha,\boldsymbol{x})\in\mathbf{R}\times X$，存在 $\boldsymbol{u}\in X$，称它为 $\boldsymbol{x}$ 对 α 的数乘，记作 $\boldsymbol{u}=\alpha\boldsymbol{x}$。该运算满足如下定律：

① 对任意的 α，$\beta\in\mathbf{R}$，$\boldsymbol{x}\in X$，有 $\alpha(\beta\boldsymbol{x})=(\alpha\beta)\boldsymbol{x}$；

② $1\cdot\boldsymbol{x}=\boldsymbol{x}$；

③ 对任意的 α，$\beta\in\mathbf{R}$，$\boldsymbol{x}\in X$，有 $(\alpha+\beta)\boldsymbol{x}=\alpha\boldsymbol{x}+\beta\boldsymbol{x}$；对任意的 $\alpha\in\mathbf{R}$，$\boldsymbol{x}$，$\boldsymbol{y}\in X$，有 $\alpha(\boldsymbol{x}+\boldsymbol{y})=\alpha\boldsymbol{x}+\alpha\boldsymbol{y}$。

向量空间 X 中的元素称为向量，而实数称为标量。

例 B.1 向量空间的一个典型例子是以 n 维实列向量构成的 n 维空间 $\mathbf{R}^n$。$\mathbf{R}^n$ 中的列向量通常记为

$$\boldsymbol{x} = ([x]_1, [x]_2, \cdots, [x]_n)^{\mathrm{T}} \tag{B.1}$$

这里 $[x]_i \in \mathbf{R}\ (i = 1, \cdots, n)$。

定义 B.2 如果 M 对于 X 中所定义的加法和数乘两种运算也构成一个向量空间，称向量空间 X 的非空子集 M 是 X 的一个子空间。

定义 B.3 一个向量空间中向量 $\boldsymbol{x}_1, \boldsymbol{x}_2, \cdots, \boldsymbol{x}_n$ 的线性组合是 $\alpha_1\boldsymbol{x}_1 + \alpha_2\boldsymbol{x}_2 + \cdots + \alpha_n\boldsymbol{x}_n$，其中 $\alpha_i \in \mathbf{R}$。如果 $\alpha_i > 0\ (i = 1, 2, \cdots, n)$ 且 $\sum_{i=1}^{n}\alpha_i = 1$，则称这个线性组合为凸组合。

定义 B.4 设 S 是向量空间 X 的一个子集，称由 S 中向量的所有线性组合组成的集合为 S 张成的子空间，记作 $\mathrm{span}(S)$。

定义 B.5 如果能找到不全为零的常数 $\alpha_1, \alpha_2, \cdots, \alpha_n$，使得

$$\alpha_1\boldsymbol{x}_1 + \alpha_2\boldsymbol{x}_2 + \cdots + \alpha_n\boldsymbol{x}_n = 0 \tag{B.2}$$

称一个有限的向量集合 $S = \{\boldsymbol{x}_1, \boldsymbol{x}_2, \cdots, \boldsymbol{x}_n\}$ 是线性相关的，否则，则称这些向量为线性无关的。

上述定义意味着，如果 S 是一组线性无关向量的集合，则 $\mathrm{span}(S)$ 中的向量 $\boldsymbol{y}$ 有唯一的表达形式，即存在着正整数 n 和 $\boldsymbol{x}_i \in S\ (i = 1, 2, \cdots, n)$，使得

$$\boldsymbol{y} = \alpha_1\boldsymbol{x}_1 + \alpha_2\boldsymbol{x}_2 + \cdots + \alpha_n\boldsymbol{x}_n \tag{B.3}$$

定义 B.6 称一个向量集合 $S = \{\boldsymbol{x}_1, \boldsymbol{x}_2, \cdots, \boldsymbol{x}_n\}$ 为向量空间 X 的一组基，如果 S 是线性无关的，并且对每一个 $\boldsymbol{x} \in X$，都可以用 S 中向量的线性组合表示。尽管向量空间 X 会有很多不同的基，但这些基包含的向量的个数是相同的。一个向量空间的基所含向量的个数称为该向量空间的维数。

定义 B.7 称向量空间 X 为赋范线性空间，如果 X 中的每一个点都对应有唯一的一个实数，记为 $\|\boldsymbol{x}\|$，并且满足下列条件。

（1）非负性：对任意的 $\boldsymbol{x} \in X$，$\|\boldsymbol{x}\| \geqslant 0$，$\|\boldsymbol{x}\| = 0$ 的充分必要条件是 $\boldsymbol{x} = \mathbf{0}$；

（2）三角不等式：对任意的 $\boldsymbol{x}$，$\boldsymbol{y} \in X$，有 $\|\boldsymbol{x}+\boldsymbol{y}\| \leqslant \|\boldsymbol{x}\|+\|\boldsymbol{y}\|$；

（3）齐次性：对任意的 $\alpha \in \mathbf{R}$ 和任意的 $\boldsymbol{x} \in X$，有 $\|\alpha \boldsymbol{x}\|=|\alpha|\|\boldsymbol{x}\|$。

定义 B.8 赋范线性空间中两个向量 $\boldsymbol{x}$ 与 $\boldsymbol{y}$ 的距离定义为 $d(\boldsymbol{x}, \boldsymbol{y})=\|\boldsymbol{x}-\boldsymbol{y}\|$。

例 B.2 考虑一个实数的可数序列。设 $1 \leqslant p<\infty$，空间 l_p 是序列 $z=\{[z]_1,[z]_2, \cdots, [z]_i, \cdots\}$ 组成的集合，满足

$$\|z\|_p=\left(\sum_{i=1}^{\infty}|[z]_i|^p\right)^{1/p}<\infty \tag{B.4}$$

空间 l_∞ 由序列 $z=\{[z]_1,[z]_2, \cdots,[z]_i, \cdots\}$ 组成，满足

$$\|z\|_\infty=\max_{i \in \mathbf{N}}(|[z]_i|)<\infty \tag{B.5}$$

定义 B.9 设 X 是赋范线性空间，点列 $\{\boldsymbol{x}_1, \boldsymbol{x}_2, \cdots, \boldsymbol{x}_n, \cdots\} \subset X$，如果存在 $\boldsymbol{x} \in X$，使得

$$\lim_{n \rightarrow \infty}\|\boldsymbol{x}_n-\boldsymbol{x}\|=0 \tag{B.6}$$

则称点列 $\{\boldsymbol{x}_1, \boldsymbol{x}_2, \cdots, \boldsymbol{x}_n, \cdots\}$ 依范数收敛于 $\boldsymbol{x}$。

定义 B.10 设 X 是赋范线性空间，点列 $\{\boldsymbol{x}_1, \boldsymbol{x}_2, \cdots, \boldsymbol{x}_n, \cdots\} \subset X$，称 $\{\boldsymbol{x}_1, \boldsymbol{x}_2, \cdots, \boldsymbol{x}_n, \cdots\}$ 为柯西序列，如果

$$\lim_{n, m \rightarrow \infty}\|\boldsymbol{x}_n-\boldsymbol{x}_m\|=0 \tag{B.7}$$

即对给定的 $\varepsilon>0$，存在一个整数 N，使得对所有的 $n, m>N$，有 $\|\boldsymbol{x}_n-\boldsymbol{x}_m\|<\varepsilon$，称这个空间 X 是完备的。当这个空间中的每一个柯西序列都趋近于这个空间的一个元素，完备的赋范线性空间称为 Banach 空间。

B.2 内积空间

定义 B.11 称一个从向量空间 X 到向量空间 Y 的函数 f 是线性的，如果对任意的 $\alpha, \beta \in \mathbf{R}$ 和 $\boldsymbol{x}, \boldsymbol{y} \in X$，有

$$f(\alpha \boldsymbol{x}+\beta \boldsymbol{y})=\alpha f(\boldsymbol{x})+\beta f(\boldsymbol{y}) \tag{B.8}$$

例 B.3 令 $X=\mathbf{R}^n$，$Y=\mathbf{R}^m$。一个从 X 到 Y 的线性函数可以用一个 $m\times n$ 阶的矩阵 $\boldsymbol{A}=(A_{ij})$ 表示，它把向量 $\boldsymbol{x}=([x]_1,[x]_2,\cdots,[x]_n)^{\mathrm{T}}\in X$ 映射到 $\boldsymbol{y}=([y]_1,[y]_2,\cdots,[y]_m)^{\mathrm{T}}\in Y$：

$$[y]_i=\sum_{j=1}^{n}A_{ij}[x]_j,\quad i=1,2,\cdots,m \tag{B.9}$$

当 $A_{ij}=0\ (i\neq j)$ 时，矩阵 $\boldsymbol{A}$ 称为对角矩阵。

定义 B.12 称一个向量空间 X 为内积空间，如果存在一个从 X 中的任意两个向量 $\boldsymbol{x}$ 和 $\boldsymbol{y}$ 到实数的双线性映射（即对变量 $\boldsymbol{x}$ 和 $\boldsymbol{y}$ 都是线性的映射）$(\boldsymbol{x}\cdot\boldsymbol{y})$，且映射（$\boldsymbol{x}\cdot\boldsymbol{y}$）还具有下列性质：

$$(\boldsymbol{x}\cdot\boldsymbol{y})=(\boldsymbol{y}\cdot\boldsymbol{x}) \tag{B.10}$$

$$(\boldsymbol{x}\cdot\boldsymbol{x})\geqslant 0 \tag{B.11}$$

且（$\boldsymbol{x}\cdot\boldsymbol{x}$）$=0$ 的主要条件是 $\boldsymbol{x}=0$，称映射 $(\boldsymbol{x}\cdot\boldsymbol{y})$ 为向量 x 和 y 的内积。

例 B.4 设 $X=\mathbf{R}^n$，$\boldsymbol{x}=([x]_1,[x]_2,\cdots,[x]_m)^{\mathrm{T}}$，$\boldsymbol{y}=([y]_1,[y]_2,\cdots,[y]_n)^{\mathrm{T}}$，设 $\lambda_1,\lambda_2,\cdots,\lambda_n$ 为给定的 n 个正数，则

$$(\boldsymbol{x}\cdot\boldsymbol{y})=\sum_{i=1}^{n}\lambda_i[x]_i[y]_i=\boldsymbol{x}^{\mathrm{T}}\boldsymbol{\Lambda}\boldsymbol{y} \tag{B.12}$$

定义了一个内积，其中 $\boldsymbol{\Lambda}$ 是一个 $n\times n$ 的对角矩阵，其非零元素 $\boldsymbol{\Lambda}_{ii}=\lambda_i$。

例 B.5 设 $X=C[a,b]$ 是定义在实数区间 $[a,b]$ 上的连续函数组成的向量空间。设 $f,g\in X$，则

$$(f\cdot g)=\int_a^b f(t)g(t)\mathrm{d}t \tag{B.13}$$

定义了一个有效的内积。

从内积空间的定义，我们可以导出下列两条性质。

（1）（$\boldsymbol{0}\cdot\boldsymbol{x}$）$=0$。

（2）任何内积空间 X 都可以由内积导出范数 $\|\boldsymbol{x}\|=\sqrt{(\boldsymbol{x}\cdot\boldsymbol{x})}$，使之成为赋范线性空间。

定义 B.13 称内积空间 X 中的两个向量 $\boldsymbol{x}, \boldsymbol{y}$ 是正交的，如果 $(\boldsymbol{x} \cdot \boldsymbol{y}) = 0$。称内积空间 X 的一个向量集合 $S = \{\boldsymbol{x}_1, \cdots, \boldsymbol{x}_n\}$ 为标准正交的，如果 $(\boldsymbol{x}_i \cdot \boldsymbol{x}_j) = \delta_{ij}$，其中 δ_{ij} 满足当 $i = j$ 时 $\delta_{ij} = 1$，当 $i \neq j$ 时 $\delta_{ij} = 0$。对于一个标准正交集 S 和向量 $\boldsymbol{y} \in X$，称

$$\sum_{i=1}^{n}(\boldsymbol{x}_i \cdot \boldsymbol{y})\boldsymbol{x}_i \tag{B.14}$$

为向量 $\boldsymbol{y}$ 的一个傅里叶序列。

如果 S 构成内积空间 X 的一个标准正交基，那么每一个向量 $\boldsymbol{y}$ 都等于它的傅里叶序列。

定理 B.1 Schwarz 不等式 内积空间 X 中的任意两个向量 $\boldsymbol{x}$ 和 $\boldsymbol{y}$ 满足

$$|(\boldsymbol{x} \cdot \boldsymbol{y})|^2 \leqslant (\boldsymbol{x} \cdot \boldsymbol{x})(\boldsymbol{y} \cdot \boldsymbol{y}) \tag{B.15}$$

且式（B.15）等号成立的充分必要条件为 $\boldsymbol{x}$ 与 $\boldsymbol{y}$ 线性相关。

定理 B.2 对内积空间 X 的向量 $\boldsymbol{x}$ 和 $\boldsymbol{y}$，有

$$\|\boldsymbol{x} + \boldsymbol{y}\|^2 = \|\boldsymbol{x}\|^2 + \|\boldsymbol{y}\|^2 + 2(\boldsymbol{x} \cdot \boldsymbol{y}) \tag{B.16}$$

$$\|\boldsymbol{x} - \boldsymbol{y}\|^2 = \|\boldsymbol{x}\|^2 + \|\boldsymbol{y}\|^2 - 2(\boldsymbol{x} \cdot \boldsymbol{y}) \tag{B.17}$$

定理 B.3 内积空间 X 中两个向量 $\boldsymbol{x}$ 和 $\boldsymbol{y}$ 的夹角 θ 由下式定义

$$\cos\theta = \frac{(\boldsymbol{x} \cdot \boldsymbol{y})}{\|\boldsymbol{x}\|\|\boldsymbol{y}\|} \tag{B.18}$$

如果 $|(\boldsymbol{x} \cdot \boldsymbol{y})| = \|\boldsymbol{x}\|\|\boldsymbol{y}\|$，则 $\cos\theta = 1$，$\theta = 0$，此时称 $\boldsymbol{x}$ 与 $\boldsymbol{y}$ 是平行的。如果 $(\boldsymbol{x} \cdot \boldsymbol{y}) = 0$，则 $\cos\theta = 0$，$\theta = \pi/2$，此时称这两个向量是正交的。

定义 B.14 设给定内积空间 X 的 个向量集合 $S = \{\boldsymbol{x}_1, \boldsymbol{x}_2, \cdots, \boldsymbol{x}_n\}$，则称 $n \times n$ 阶的矩阵

$$\boldsymbol{G} = (G_{ij}) = (\boldsymbol{x}_i \cdot \boldsymbol{x}_j) \tag{B.19}$$

为 S 的 Gram 矩阵。

B.3 希尔伯特空间

定义 B.15 称一个空间 H 是可分的，如果 H 中存在一个可数子集 $D\subseteq H$，使得 H 中的每个元素都是 D 中的元素序列的极限。称一个完备的可分的内积空间为希尔伯特空间。

有限维向量空间，例如 $\mathbf{R}^n$，是希尔伯特空间。

定理 B.4 设 H 是一个希尔伯特空间，M 是 H 的一个子集且 $\boldsymbol{x}\in H$，则存在唯一的向量 $\boldsymbol{m}_0\in M$，满足

$$\| x-m_0 \|=\inf\{\| x-m \| : m\in M\} \tag{B.20}$$

此时称 $\boldsymbol{m}_0$ 为 $\boldsymbol{x}$ 在 M 上的投影。另外，$\boldsymbol{m}_0$ 是 $\boldsymbol{x}$ 在 M 上的投影的充分必要条件是向量 $\boldsymbol{x}-\boldsymbol{m}_0$ 与 M 中的向量都正交。

由定理 B.4 可知，设 $\boldsymbol{x}$ 是 H 中一个向量，又设 M 为由 H 中的正交向量 $\{\boldsymbol{e}_1, \boldsymbol{e}_2, \cdots, \boldsymbol{e}_n\}$ 生成的子空间，则 M 中的向量对 $\boldsymbol{x}$ 的最好近似由它的傅里叶序列

$$\sum_{i=1}^{n}(\boldsymbol{x}\cdot\boldsymbol{e}_i)\boldsymbol{e}_i \tag{B.21}$$

给出。

定义 B.16 称 S 为希尔伯特空间 H 的一个标准正交基，如果 S 是 H 的一个标准正交基，而且没有其他的标准正交基真包含 S。

定理 B.5 每一个希尔伯特空间都有一个标准正交基。假设 $S=\{\boldsymbol{x}_\alpha\}_{\alpha\in A}$ 是希尔伯特空间 H 的一个标准正交基，则对任意的 $\boldsymbol{y}\in H$，有

$$\boldsymbol{y}=\sum_{\alpha\in A}(\boldsymbol{y}\cdot\boldsymbol{x}_\alpha)\boldsymbol{x}_\alpha \tag{B.22}$$

及

$$\| \boldsymbol{y} \|^2=\sum_{\alpha\in A}|(\boldsymbol{y}\cdot\boldsymbol{x}_\alpha)|^2 \tag{B.23}$$

这个定理表明，类似于有限维的情形，希尔伯特空间的每个元素都可表示为其基元素的线性组合（这个线性组合可能有无穷项）。

称系数 $(\boldsymbol{y}\cdot\boldsymbol{x}_\alpha)$ 为向量 $\boldsymbol{y}$ 关于基 $S=\{\boldsymbol{x}_\alpha\}_{\alpha\in A}$ 的傅里叶系数。

例 B.6 考虑形如 $z=\{[z]_1,[z]_2,\cdots,[z]_i,\cdots\}$ 的可数的实数序列。若定义序列 x 和 z 的内积为

$$(x\cdot z)=\sum_{i=1}^{\infty}[x]_i[z]_i \tag{B.24}$$

则满足

$$\|z\|_2^2=\sum_{i=1}^{\infty}[z]_i^2<\infty \tag{B.25}$$

的序列 z 组成的集合是一个希尔伯特空间，记为 l_2。

设 $\mu=\{[\mu]_1,[\mu]_2,\cdots,[\mu]_i,\cdots\}$ 是一个正的实数序列。考虑形如 $z=\{[z]_1,[z]_2,\cdots,[z]_i,\cdots\}$ 的可数的实数序列组成的集合。若定义该集合中的序列 x 和 z 的内积为

$$(x\cdot z)=\sum_{i=1}^{\infty}[\mu]_i[x]_i[z]_i \tag{B.26}$$

则满足

$$\|z\|_2^2=\sum_{i=1}^{\infty}[\mu]_i[z]_i^2<\infty \tag{B.27}$$

的序列 z 组成的集合是一个希尔伯特空间，记为 $l_2(\mu)$。

赋范空间 l_1 是序列 $z=\{[z]_1,[z]_2,\cdots,[z]_i,\cdots\}$ 组成的集合，该序列应满足

$$\|z\|_1=\sum_{i=1}^{\infty}|[z]_i|<\infty \tag{B.28}$$

例 B.7 考虑定义在 $\mathbf{R}^n$ 上的子集 X 上的连续实值函数。若定义函数 f 和 g 的内积为

$$(f\cdot g)=\int_X f(\boldsymbol{x})g(\boldsymbol{x})\mathrm{d}x \tag{B.29}$$

则满足

$$\|f\|=\int_X f(\boldsymbol{x})^2\mathrm{d}\boldsymbol{x}<\infty \tag{B.30}$$

的函数 f 组成的集合是一个希尔伯特空间，记为 $L_2(X)$。

赋范空间 $L_\infty(X)$ 是满足

$$\|f\|_{L_\infty}=\sup_{x\in X}|f(\boldsymbol{x})|<\infty \tag{B.31}$$

的函数组成的集合。

B.4 算子、特征值和特征向量

定义 B.17 称从一个希尔伯特空间 H 到其自身的一个线性映射为一个线性算子 $\boldsymbol{A}$。这个线性算子是有界的，如果存在一个数 $\|\boldsymbol{A}\|$ 使得对于所有的 $\boldsymbol{x}\in H$，有

$$\|\boldsymbol{Ax}\|\leqslant\|\boldsymbol{A}\|\|\boldsymbol{x}\| \tag{B.32}$$

定义 B.18 设 A 是希尔伯特空间 H 的一个线性算子。如果存在一个非零向量 $\boldsymbol{x}\in H$ 和一个数 λ 使得 $\boldsymbol{Ax}=\lambda\boldsymbol{x}$，则称 λ 为 $\boldsymbol{A}$ 的关于特征向量 $\boldsymbol{x}$ 的特征值。

定义 B.19 称希尔伯特空间 H 的一个有界线性算子 $\boldsymbol{A}$ 是自共轭的，如果对所有的 $\boldsymbol{x},\boldsymbol{z}\in H$，有

$$(\boldsymbol{Ax}\cdot\boldsymbol{z})=(\boldsymbol{x}\cdot\boldsymbol{Az}) \tag{B.33}$$

对于有限维空间 $\mathbf{R}^n$ 而言，自共轭算子意味着相应的 $n\times n$ 阶矩阵 $\boldsymbol{A}$ 满足 $\boldsymbol{A}=\boldsymbol{A}^{\mathrm{T}}$，即 $A_{ij}=A_{ji}$。这样的矩阵 $\boldsymbol{A}$ 称为对称矩阵。

定理 B.6 设 $\boldsymbol{A}$ 是希尔伯特空间 H 的一个自共轭的紧的线性算子，则存在一组完备的紧的标准正交基 $\{\boldsymbol{\phi}_i\}_{i=1}^{\infty}$，使得

$$\boldsymbol{A\phi}_i=\lambda_i\boldsymbol{\phi}_i \tag{B.34}$$

及

$$\lim_{i\to\infty}\lambda_i=0 \tag{B.35}$$

对有限维的情况，该定理表明对称矩阵有一组标准正交的特征向量。

定理 B.7 称一个对称矩阵为正定的（半正定的），如果它的特征值都是正的（非负的）。

推论 B.1 设$\boldsymbol{A}$是一个对称矩阵，则$\boldsymbol{A}$为正定的(半正定的)充分必要条件是，对于任意的非零向量$\boldsymbol{x}$，有

$$\boldsymbol{x}^{\mathrm{T}}\boldsymbol{A}\boldsymbol{x} > 0(\geqslant 0) \tag{B.36}$$

设$\boldsymbol{M}$为任意矩阵，并且令$\boldsymbol{A}=\boldsymbol{M}^{\mathrm{T}}\boldsymbol{M}$，则$\boldsymbol{A}$是一个半正定矩阵。事实上，对任意的向量$\boldsymbol{x}$有：

$$\boldsymbol{x}^{\mathrm{T}}\boldsymbol{A}\boldsymbol{x}=\boldsymbol{x}^{\mathrm{T}}\boldsymbol{M}^{\mathrm{T}}\boldsymbol{M}\boldsymbol{x}=(\boldsymbol{M}\boldsymbol{x})^{\mathrm{T}}\boldsymbol{M}\boldsymbol{x}=(\boldsymbol{M}\boldsymbol{x}\cdot\boldsymbol{M}\boldsymbol{x})=\|\boldsymbol{M}\boldsymbol{x}\|^2 \geqslant 0 \tag{B.37}$$

如果矩阵$\boldsymbol{M}$的列由向量$\boldsymbol{x}_i\,(i=1,2,\cdots,n)$组成，那么$\boldsymbol{A}$是集合$S=\{\boldsymbol{x}_1,\boldsymbol{x}_2,\cdots,\boldsymbol{x}_n\}$的Gram矩阵，这表明Gram矩阵总是半正定的；如果S是线性无关的，那么Gram矩阵是正定的。

附录C 概 率

C.1 概率空间

定义 C.1 随机试验 称一个试验为随机试验，如果它满足：

（1）此试验可重复进行；

（2）事先不知道哪个结果发生。

随机试验简称为试验。

定义 C.2 试验结果集 称试验的所有结果构成的集合为试验结果集，简称结果集，一般记作Ω。Ω的元素（试验结果）记作ω。

定义 C.3 随机事件 称结果集Ω的子集为随机事件，简称事件。

定义 C.4 事件域 称由一些事件构成的集合F为事件域，如果F满足：

（1）整个结果集$\Omega\in F$；

（2）若事件$A\in F$，则$\overline{A}\in F$，其中$\overline{A}$为事件A的对立事件；

（3）若事件$A_i\in F\,(i=1,2,\cdots)$，则$\bigcup_{i=1}^{\infty}A_i\in F$。

定义 C.5 概率测度或概率 设F为一事件域，称定义在F上的实值函数

$P=P(z)$ 为 F 上的概率测度，简称概率，如果它满足：

（1）对任意的 $A\in F$，有 $P(A)\geqslant 0$；

（2）$P(\Omega)=1$，其中 Ω 为结果集；

（3）若 $A_i\in F\ (i=1,2,\cdots)$，且当 $s\neq t$ 时总有 $A_sA_t=\phi$，则

$$P\left(\bigcup_{i=1}^{\infty}A_i\right)=\sum_{i=1}^{\infty}P(A_i) \tag{C.1}$$

定义 C.6　概率空间　称三元组（Ω,F,P）为概率空间，其中 Ω 为结果集，F 为事件域，P 为 F 上的概率测度。

定义 C.7　条件概率　设事件 $A, B\in F$，则称 $P(AB)/P(A)$ 为 A 发生条件下 B 的概率，记作 $P(B|A)$。

定义 C.8　事件的相互独立性　设事件 $A, B\in F$，其中 F 为事件域，称事件 A 与 B 相互独立，满足

$$P(AB)=P(A)P(B) \tag{C.2}$$

C.2　随机变量及其分布

定义 C.9　随机变量　设 Ω 为试验结果集，如果对于每一个 $\omega\in\Omega$，都有一个 $\mathbf{R}^n$ 中的向量 $\boldsymbol{x}(\omega)$ 与之对应，那么称 $\boldsymbol{x}(\omega)$ 为随机变量。$\boldsymbol{x}(\omega)$ 可简记为 $\boldsymbol{x}$。

对于随机变量 $\boldsymbol{x}$，一元函数

$$P(\bar{x})=P(x\leqslant\bar{x}),\forall\bar{x}\in\mathbf{R} \tag{C.3}$$

为 x 的概率分布，其中 $P(x\leqslant\bar{x})$ 为事件"$x\leqslant\bar{x}$"的概率，有时我们将概率分布 $P(\bar{x})$ 记为 $P(x)$。

对于随机向量 $(\boldsymbol{x},y)$，我们有如下定义。

定义 C.10　随机向量和它在 $\boldsymbol{X}\times\boldsymbol{Y}$ 上的概率分布　设 $\boldsymbol{x}, y$ 为随机变量，其中 $\boldsymbol{x}\in X=\mathbf{R}^n$，$y\in\{-1,1\}$，则称向量 $(\boldsymbol{x},y)$ 为随机向量，并称二元函数

$$P(\bar{\boldsymbol{x}},\bar{y})=P(\boldsymbol{x}\leqslant\bar{\boldsymbol{x}},y\leqslant\bar{y}),\forall\bar{\boldsymbol{x}}\in X=\mathbf{R}^n,\forall\bar{y}\in Y=\{-1,1\} \tag{C.4}$$

为 $(\boldsymbol{x}, y)$ 在 $X\times Y$ 上的概率分布，其中 $P(\boldsymbol{x}\leqslant\bar{\boldsymbol{x}}, y\leqslant\bar{y})$ 为事件“$(\boldsymbol{x}\leqslant\bar{\boldsymbol{x}})$”和事件“$(y\leqslant\bar{y})$”同时发生的概率，有时我们将 $X\times Y$ 上的概率分布 $P(\bar{\boldsymbol{x}}, \bar{y})$ 记为 $P(\boldsymbol{x}, y)$。

定义 C.11 联合概率分布 设 $(\boldsymbol{x}_1, y_1),(\boldsymbol{x}_2, y_2),\cdots,(\boldsymbol{x}_l, y_l)$ 为 l 个随机向量，则称函数

$$P[(\boldsymbol{x}_1,y_1),(\boldsymbol{x}_2,y_2),\cdots,(\boldsymbol{x}_l,y_l)]=P(\boldsymbol{x}_1\leqslant\bar{\boldsymbol{x}}_1,y_1\leqslant\bar{y}_1,\boldsymbol{x}_2\leqslant\bar{\boldsymbol{x}}_2,y_2\leqslant\bar{y}_2,\cdots,\boldsymbol{x}_l\leqslant\bar{\boldsymbol{x}}_l,y_l\leqslant\bar{y}_l)$$

$$\forall\bar{\boldsymbol{x}}_i\in X=\boldsymbol{R}^n,\forall\bar{y}_i\in Y=\{-1,1\}\,(i=1,2,\cdots,l) \tag{C.5}$$

为 $(\boldsymbol{x}_1, y_1), (\boldsymbol{x}_2, y_2), \cdots, (\boldsymbol{x}_l, y_l)$ 的联合概率分布，其中 $P(\boldsymbol{x}_1\leqslant\bar{\boldsymbol{x}}_1, y_1\leqslant\bar{y}_1, \boldsymbol{x}_2\leqslant\bar{\boldsymbol{x}}_2, y_2\leqslant\bar{y}_2,\cdots,\boldsymbol{x}_l\leqslant\bar{\boldsymbol{x}}_l, y_l\leqslant\bar{y}_l)$ 为 $2l$ 个事件“$\boldsymbol{x}_1\leqslant\bar{\boldsymbol{x}}_1$”，“$y_1\leqslant\bar{y}_1$”，…，“$\boldsymbol{x}_l\leqslant\bar{\boldsymbol{x}}_l$”，“$y_l\leqslant\bar{y}_l$”同时发生的概率。

定义 C.12 分布密度 设 $P(\bar{\boldsymbol{x}})$ 为随机变量 $\boldsymbol{x}$ 的概率分布，称 $\boldsymbol{x}$ 为连续型随机变量，并称 $p(\bar{\boldsymbol{x}})$ 为 $\boldsymbol{x}$ 的分布密度，如果存在非负函数 $p(\bar{\boldsymbol{x}})$，使得对于任意的 $\bar{\boldsymbol{x}}\in\mathbf{R}^n$，有

$$P(\bar{\boldsymbol{x}})=\int_{-\infty}^{\bar{\boldsymbol{x}}}p(\boldsymbol{t})\mathrm{d}\boldsymbol{t} \tag{C.6}$$

定义 C.13 边缘分布 设 (x, y) 为随机向量，$P(\bar{x}, \bar{y})$ 为 (x, y) 的概率分布，则分别称一元函数

$$P_x(\bar{x})=P(x\leqslant\bar{x})=\lim_{y\to+\infty}P(\bar{x},\bar{y})=P(\bar{x},+\infty) \tag{C.7}$$

和

$$P_y(\bar{y})=P(y\leqslant\bar{y})=\lim_{x\to+\infty}P(\bar{x},\bar{y})=P(+\infty,\bar{y}) \tag{C.8}$$

为关于 x 和 y 的边缘概率分布。

设 $(\boldsymbol{x}_1, y_1), (\boldsymbol{x}_2, y_2), \cdots, (\boldsymbol{x}_l, y_l)$ 为 l 个随机向量，$P[(\boldsymbol{x}_1, y_1), (\boldsymbol{x}_2, y_2), \cdots, (\boldsymbol{x}_l, y_l)]$ 为它们的联合概率分布，则称函数

$$P_{(x_i,y_i)}(\bar{\boldsymbol{x}}_i,\bar{y}_i)=P[(+\infty,+\infty),\cdots,(+\infty,+\infty)(\bar{\boldsymbol{x}}_i,\bar{y}_i)(+\infty,+\infty),\cdots,(+\infty,+\infty)] \tag{C.9}$$

为关于 $(\boldsymbol{x}_i, y_i)$ 的边缘概率分布 $(i = 1, 2, \cdots, l)$。对于两个随机变量 $\boldsymbol{x}$ 和 y，如果联合概率分布等于两个边缘概率分布的乘积，即

$$P(\bar{\boldsymbol{x}},\bar{y}) = P_x(\bar{\boldsymbol{x}})P_y(\bar{y}), \forall\bar{\boldsymbol{x}} \in \mathbf{R}^n, \bar{y} \in \{-1,1\} \quad (C.10)$$

则 $\boldsymbol{x}$ 与 y 相互独立。

对于 l 个随机向量，我们有如下定义。

定义 C.14　随机向量相互独立　设 $(\boldsymbol{x}_1, y_1), (\boldsymbol{x}_2, y_2), \cdots, (\boldsymbol{x}_l, y_l)$ 为 l 个随机向量。若它们的联合概率分布等于各边缘概率分布的乘积，即

$$P[(\bar{\boldsymbol{x}}_1,\bar{y}_1),(\bar{\boldsymbol{x}}_2,\bar{y}_2),\cdots,(\bar{\boldsymbol{x}}_l,\bar{y}_l)] = \prod_{i=1}^{l} P_{(x_i, y_i)}(\bar{\boldsymbol{x}}_i,\bar{y}_i) \quad (C.11)$$

则称 $(\boldsymbol{x}_1, y_1), (\boldsymbol{x}_2, y_2), \cdots, (\boldsymbol{x}_l, y_l)$ 相互独立。

定义 C.15　独立同分布样本　若 $(\boldsymbol{x}_1, y_1), (\boldsymbol{x}_2, y_2), \cdots, (\boldsymbol{x}_l, y_l)$ 相互独立，并且具有同一概率分布 $P(\bar{\boldsymbol{x}}, \bar{y})$，则称 $(\boldsymbol{x}_1, y_1), (\boldsymbol{x}_2, y_2), \cdots, (\boldsymbol{x}_l, y_l)$ 为独立同分布样本，记作 IID 样本。

定义 C.16　独立同分布样本点　如果 $(\boldsymbol{x}_1, y_1), (\boldsymbol{x}_2, y_2), \cdots, (\boldsymbol{x}_l, y_l)$ 为 IID 样本，并且 $(\boldsymbol{x}_i, y_i)$ 取值 $(\tilde{\boldsymbol{x}}_i, \tilde{y}_i)(i=1,2,\cdots,l)$，则称 $(\tilde{\boldsymbol{x}}_1,\tilde{y}_1),(\tilde{\boldsymbol{x}}_2,\tilde{y}_2),\cdots,(\tilde{\boldsymbol{x}}_l,\tilde{y}_l)$ 为独立同分布样本点，记作 IID 样本点（其概率分布为 $P(\bar{\boldsymbol{x}}, \bar{y})$）。

我们引入函数 $g(\bar{x})$ 关于函数 $P(\bar{x})$ 的 Riemann-Stieltjes 积分（简记为 R-S 积分）

$$\int_c g(\bar{x})\mathrm{d}P(\bar{x}) \quad (C.12)$$

其中 $P(\bar{x})$ 为随机变量 x 的概率分布，$c \subseteq \mathbf{R}$ 为可测集，$g(\bar{x})$ 为 c 上的可测函数，并且 $\int_c g(\bar{x})\mathrm{d}P(\bar{x})$ 绝对收敛。R-S 积分是实变函数中 Riemann 积分的推广（$\mathrm{d}\bar{x}$ 推广为 $\mathrm{d}P(\bar{x})$，其中 $P(\bar{x})$ 为单调非减函数）。

定理 C.1　积分的性质　（1）若 x 为离散型随机变量，则 $P(\bar{x})$ 为离散概率测度，故此积分为

$$\int_c g(\bar{x})\mathrm{d}P(\bar{x}) = \sum_{i=1}^{\infty} g(z_i)P_i \tag{C.13}$$

其中 $c = \{z_1, z_2, \cdots,\}$，$P_i\ (i = 1, 2, \cdots)$ 为 x 取 z_i 时的概率。

（2）若 x 为连续型随机变量，并且积分

$$\int_c g(\bar{x})P'(\bar{x})\mathrm{d}\bar{x} = \int_c g(\bar{x})p(\bar{x})\mathrm{d}\bar{x} \tag{C.14}$$

存在，则 R-S 积分为

$$\int_c g(\bar{x})\mathrm{d}P(\bar{x}) = \int_c g(\bar{x})p(\bar{x})\mathrm{d}\bar{x} \tag{C.15}$$

其中 c 为区间，$P'(\bar{x})$ 为概率分布 $P(\bar{x})$ 的导数，$p(\bar{x})$ 为 x 的分布密度。

C.3 随机变量的数字特征

定义 C.17 数学期望 设 $P(\bar{x})$ 为随机变量 x 的概率分布，$c \subseteq \mathbf{R}$ 为可测集。若 $g(\bar{x}) \equiv \bar{x}$，且 Riemann-Stieltjes 积分

$$\int_c g(\bar{x})\mathrm{d}P(\bar{x}) = \int_c \bar{x}\mathrm{d}P(\bar{x}) \tag{C.16}$$

绝对收敛，则称 $\int_c \bar{x}\mathrm{d}P(\bar{x})$ 为随机变量 x 的数学期望或均值，记作 $E(x)$。

定义 C.18 方差 在 Riemann-Stieltjes 积分 $\int_c g(\bar{x})\mathrm{d}P(\bar{x})$ 中，若

$$g(\bar{x}) = [\bar{x} - E(x)]^2, \forall \bar{x} \in C \tag{C.17}$$

则称积分

$$\int_c g(\bar{x})\mathrm{d}P(\bar{x}) = \int_c [\bar{x} - E(x)]^2 \mathrm{d}P(\bar{x}) \tag{C.18}$$

为随机变量 x 的方差，记作 $D(x)$。

C.4 大数定律

定义 C.19 依概率收敛 设重复 n 次试验，A 为事件域 F 中任一事件，$f_n(A)$ 为 A 的频率，即

$$f_n(A)=\frac{n_A}{n} \tag{C.19}$$

其中 n_A 为事件 A 在 n 次试验中发生的次数，又设 $P(A)$ 为 A 的概率。若对于任意的 $\varepsilon>0$，有

$$\lim_{n\to\infty}P(|f_n(A)-P(A)|>\varepsilon)=0 \tag{C.20}$$

则称 $f_n(A)$ 依概率收敛于 $P(A)$，记作 $f_n(A)\xrightarrow{P}P(A)$。

定理 C.2　伯努利大数定律　设 n_A 为 n 次独立重复试验中事件 A 发生的次数，又设 $P(A)$ 为事件 A 在每次试验中发生的概率，则对于任意的 $\varepsilon>0$，有

$$\lim_{n\to\infty}P\left(\left|\frac{n_A}{n}-P(A)\right|>\varepsilon\right)=\lim_{n\to\infty}P(|f_n(A)-P(A)|>\varepsilon)=0 \tag{C.21}$$

即事件发生的频率依概率收敛于事件的概率。

附录 D　鸢尾属植物数据集

萼片长度 / cm	萼片宽度 / cm	花瓣长度 / cm	花瓣宽度 / cm	类别
5.1	3.5	1.4	0.2	Iris-setosa
4.9	3.0	1.4	0.2	Iris-setosa
4.7	3.2	1.3	0.2	Iris-setosa
4.6	3.1	1.5	0.2	Iris-setosa
5.0	3.6	1.4	0.2	Iris-setosa
5.4	3.9	1.7	0.4	Iris-setosa
4.6	3.4	1.4	0.3	Iris-setosa
5.0	3.4	1.5	0.2	Iris-setosa
4.4	2.9	1.4	0.2	Iris-setosa
4.9	3.1	1.5	0.1	Iris-setosa
5.4	3.7	1.5	0.2	Iris-setosa
4.8	3.4	1.6	0.2	Iris-setosa

续表

萼片长度 / cm	萼片宽度 / cm	花瓣长度 / cm	花瓣宽度 / cm	类别
4.8	3.0	1.4	0.1	Iris-setosa
4.3	3.0	1.1	0.1	Iris-setosa
5.8	4.0	1.2	0.2	Iris-setosa
5.7	4.4	1.5	0.4	Iris-setosa
5.4	3.9	1.3	0.4	Iris-setosa
5.1	3.5	1.4	0.3	Iris-setosa
5.7	3.8	1.7	0.3	Iris-setosa
5.1	3.8	1.5	0.3	Iris-setosa
5.4	3.4	1.7	0.2	Iris-setosa
5.1	3.7	1.5	0.4	Iris-setosa
4.6	3.6	1.0	0.2	Iris-setosa
5.1	3.3	1.7	0.5	Iris-setosa
4.8	3.4	1.9	0.2	Iris-setosa
5.0	3.0	1.6	0.2	Iris-setosa
5.0	3.4	1.6	0.4	Iris-setosa
5.2	3.5	1.5	0.2	Iris-setosa
5.2	3.4	1.4	0.2	Iris-setosa
4.7	3.2	1.6	0.2	Iris-setosa
4.8	3.1	1.6	0.2	Iris-setosa
5.4	3.4	1.5	0.4	Iris-setosa
5.2	4.1	1.5	0.1	Iris-setosa
5.5	4.2	1.4	0.2	Iris-setosa
4.9	3.1	1.5	0.1	Iris-setosa
5.0	3.2	1.2	0.2	Iris-setosa
5.5	3.5	1.3	0.2	Iris-setosa
4.9	3.1	1.5	0.1	Iris-setosa
4.4	3.0	1.3	0.2	Iris-setosa
5.1	3.4	1.5	0.2	Iris-setosa
5.0	3.5	1.3	0.3	Iris-setosa
4.5	2.3	1.3	0.3	Iris-setosa
4.4	3.2	1.3	0.2	Iris-setosa

续表

萼片长度 / cm	萼片宽度 / cm	花瓣长度 / cm	花瓣宽度 / cm	类别
5.0	3.5	1.6	0.6	Iris-setosa
5.1	3.8	1.9	0.4	Iris-setosa
4.8	3.0	1.4	0.3	Iris-setosa
5.1	3.8	1.6	0.2	Iris-setosa
4.6	3.2	1.4	0.2	Iris-setosa
5.3	3.7	1.5	0.2	Iris-setosa
5.0	3.3	1.4	0.2	Iris-setosa
7.0	3.2	4.7	1.4	Iris-versicolor
6.4	3.2	4.5	1.5	Iris-versicolor
6.9	3.1	4.9	1.5	Iris-versicolor
5.5	2.3	4.0	1.3	Iris-versicolor
6.5	2.8	4.6	1.5	Iris-versicolor
5.7	2.8	4.5	1.3	Iris-versicolor
6.3	3.3	4.7	1.6	Iris-versicolor
4.9	2.4	3.3	1.0	Iris-versicolor
6.6	2.9	4.6	1.3	Iris-versicolor
5.2	2.7	3.9	1.4	Iris-versicolor
5.0	2.0	3.5	1.0	Iris-versicolor
5.9	3.0	4.2	1.5	Iris-versicolor
6.0	2.2	4.0	1.0	Iris-versicolor
6.1	2.9	4.7	1.4	Iris-versicolor
5.6	2.9	3.6	1.3	Iris-versicolor
6.7	3.1	4.4	1.4	Iris-versicolor
5.6	3.0	4.5	1.5	Iris-versicolor
5.8	2.7	4.1	1.0	Iris-versicolor
6.2	2.2	4.5	1.5	Iris-versicolor
5.6	2.5	3.9	1.1	Iris-versicolor
5.9	3.2	4.8	1.8	Iris-versicolor
6.1	2.8	4.0	1.3	Iris-versicolor
6.3	2.5	4.9	1.5	Iris-versicolor
6.1	2.8	4.7	1.2	Iris-versicolor

续表

萼片长度 / cm	萼片宽度 / cm	花瓣长度 / cm	花瓣宽度 / cm	类别
6.4	2.9	4.3	1.3	Iris-versicolor
6.6	3.0	4.4	1.4	Iris-versicolor
6.8	2.8	4.8	1.4	Iris-versicolor
6.7	3.0	5.0	1.7	Iris-versicolor
6.0	2.9	4.5	1.5	Iris-versicolor
5.7	2.6	3.5	1.0	Iris-versicolor
5.5	2.4	3.8	1.1	Iris-versicolor
5.5	2.4	3.7	1.0	Iris-versicolor
5.8	2.7	3.9	1.2	Iris-versicolor
6.0	2.7	5.1	1.6	Iris-versicolor
5.4	3.0	4.5	1.5	Iris-versicolor
6.0	3.4	4.5	1.6	Iris-versicolor
6.7	3.1	4.7	1.5	Iris-versicolor
6.3	2.3	4.4	1.3	Iris-versicolor
5.6	3.0	4.1	1.3	Iris-versicolor
5.5	2.5	4.0	1.3	Iris-versicolor
5.5	2.6	4.4	1.2	Iris-versicolor
6.1	3.0	4.6	1.4	Iris-versicolor
5.8	2.6	4.0	1.2	Iris-versicolor
5.0	2.3	3.3	1.0	Iris-versicolor
5.6	2.7	4.2	1.3	Iris-versicolor
5.7	3.0	4.2	1.2	Iris-versicolor
5.7	2.9	4.2	1.3	Iris-versicolor
6.2	2.9	4.3	1.3	Iris-versicolor
5.1	2.5	3.0	1.1	Iris-versicolor
5.7	2.8	4.1	1.3	Iris-versicolor
6.3	3.3	6.0	2.5	Iris-virginica
5.8	2.7	5.1	1.9	Iris-virginica
7.1	3.0	5.9	2.1	Iris-virginica
6.3	2.9	5.6	1.8	Iris-virginica
6.5	3.0	5.8	2.2	Iris-virginica

续表

萼片长度 / cm	萼片宽度 / cm	花瓣长度 / cm	花瓣宽度 / cm	类别
7.6	3.0	6.6	2.1	Iris-virginica
4.9	2.5	4.5	1.7	Iris-virginica
7.3	2.9	6.3	1.8	Iris-virginica
6.7	2.5	5.8	1.8	Iris-virginica
7.2	3.6	6.1	2.5	Iris-virginica
6.5	3.2	5.1	2.0	Iris-virginica
6.4	2.7	5.3	1.9	Iris-virginica
6.8	3.0	5.5	2.1	Iris-virginica
5.7	2.5	5.0	2.0	Iris-virginica
5.8	2.8	5.1	2.4	Iris-virginica
6.4	3.2	5.3	2.3	Iris-virginica
6.5	3.0	5.5	1.8	Iris-virginica
7.7	3.8	6.7	2.2	Iris-virginica
7.7	2.6	6.9	2.3	Iris-virginica
6.0	2.2	5.0	1.5	Iris-virginica
6.9	3.2	5.7	2.3	Iris-virginica
5.6	2.8	4.9	2.0	Iris-virginica
7.7	2.8	6.7	2.0	Iris-virginica
6.3	2.7	4.9	1.8	Iris-virginica
6.7	3.3	5.7	2.1	Iris-virginica
7.2	3.2	6.0	1.8	Iris-virginica
6.2	2.8	4.8	1.8	Iris-virginica
6.1	3.0	4.9	1.8	Iris-virginica
6.4	2.8	5.6	2.1	Iris-virginica
7.2	3.0	5.8	1.6	Iris-virginica
7.4	2.8	6.1	1.9	Iris-virginica
7.9	3.8	6.4	2.0	Iris-virginica
6.4	2.8	5.6	2.2	Iris-virginica
6.3	2.8	5.1	1.5	Iris-virginica
6.1	2.6	5.6	1.4	Iris-virginica
7.7	3.0	6.1	2.3	Iris-virginica

续表

萼片长度 / cm	萼片宽度 / cm	花瓣长度 / cm	花瓣宽度 / cm	类别
6.3	3.4	5.6	2.4	Iris-virginica
6.4	3.1	5.5	1.8	Iris-virginica
6.0	3.0	4.8	1.8	Iris-virginica
6.9	3.1	5.4	2.1	Iris-virginica
6.7	3.1	5.6	2.4	Iris-virginica
6.9	3.1	5.1	2.3	Iris-virginica
5.8	2.7	5.1	1.9	Iris-virginica
6.8	3.2	5.9	2.3	Iris-virginica
6.7	3.3	5.7	2.5	Iris-virginica
6.7	3.0	5.2	2.3	Iris-virginica
6.3	2.5	5.0	1.9	Iris-virginica
6.5	3.0	5.2	2.0	Iris-virginica
6.2	3.4	5.4	2.3	Iris-virginica
5.9	3.0	5.1	1.8	Iris-virginica

附录 E　最优化理论基础

最优化是人们在工程技术、科学研究和经济管理等诸多领域中经常遇到的问题。结构设计要在满足强度要求等条件时使所用材料的总质量最轻；资源分配要使各用户利用有限资源产生的总效益最大；安排运输方案要在满足物资需求和装载条件的同时使运输总费用最低；编制生产计划要按照产品工艺流程和顾客要求，尽量降低人力、设备和原材料成本使总利润最高。凡此种种都是优化问题。随着信息技术时代的到来，最优化理论和技术必将在社会的诸多方面起到越来越大的作用。

E.1　欧氏空间上的最优化问题

通常所说的最优化问题，就是本节要讨论的欧氏空间上的最优化问题。

E.1.1 最优化问题实例

什么是最优化？用数学语言概括地说，就是找出一个多变量函数的极小值点。下面通过两个实例予以说明。

例 E.1 曲线拟合问题。设有两个变量 ξ 和 η，根据某一物理定律知道它们满足下列函数关系：

$$\eta = a + b\xi^{c} \tag{E.1}$$

其中 a、b、c 是三个常数，在不同的情况下取不同的数值。假定现在由实验测得（ξ，η）的 l 组数据

$$(\xi_1, \eta_1), (\xi_2, \eta_2), \cdots, (\xi_l, \eta_l) \tag{E.2}$$

试选择 a、b、c 的值，使得曲线 $\eta = a + b\xi^{c}$ 尽可能靠近所有的实验点 (ξ_i, η_i)（$i = 1, 2, \cdots, l$），参见图 E.1。

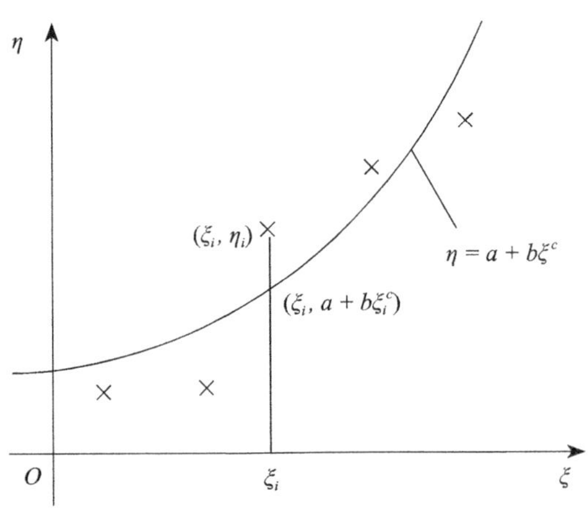

图 E.1 曲线拟合

这个问题可用最小二乘原理求解，即选择 a、b、c 的值，使偏差的二次方和

$$\delta(a,b,c) = \sum_{i=1}^{l}(a + b\xi_i^{c} - \eta_i)^2 \tag{E.3}$$

取最小值。换句话说，欲求出三个变量的函数 $\delta(a, b, c)$ 的极小值点，以此作为问题的解。

例 E.2 生产安排问题。某工厂生产 D、E 两种产品，每种产品均经三道工序加工而成。假定每生产 $1m^3$ D 种产品需用 A 种机器加工 7h，用 B 种机器加工 3h，用 C 种机器加工 4h。而每生产 $1m^3$ E 种产品需用 A 种机器加工 2.8h，用 B 种机器加工 9h，用 C 种机器加工 4h。又已知每生产 $1m^3$ D 种产品可赢利 500 元，每生产 $1m^3$ E 种产品可赢利 800 元。现设一个月中 A 种机器工作时间不得超过 336h。问每月 D、E 两种产品各生产多少可赢利最多?

设每月生产 D 种产品 $[x]_1$ m^3，生产 E 种产品 $[x]_2$ m^3。这两种产品共赢利 $500[x]_1 + 800[x]_2$ 元。我们要选择 $[x]_1$、$[x]_2$ 使赢利尽可能大。然而受到机器加工时间的限制，$[x]_1$、$[x]_2$ 都不能太大。 事实上，这两种产品共需 A 种机器加工 $7[x]_1 + 2.8[x]_2$ h，不能超过 560 h，需用 B 种机器加工 $3[x]_1 + 9[x]_2$ h，不能超过 460h，需用 C 种机器加工 $4[x]_1 + 4[x]_2$ h，不能超过 336h。 总之应该在约束条件

$$7[x]_1 + 2.8[x]_2 \leqslant 560 \tag{E.4}$$

$$3[x]_1 + 9[x]_2 \leqslant 460 \tag{E.5}$$

$$4[x]_1 + 4[x]_2 \leqslant 336 \tag{E.6}$$

$$[x]_1, [x]_2 \geqslant 0 \tag{E.7}$$

下，寻找使函数 $500[x]_1 + 800[x]_2$ 取最大值的 $[x]_1$ 和 $[x]_2$。

E.1.2 最优化问题的概念

由例 E.1 和例 E.2 可以看出，这两个实例都是求一个函数的极值点。而例 E.2 中，求函数的极值点时 $[x]_1$、$[x]_2$ 还要满足条件式（E.4）~ 式（E.7）。把例 E.1 和例 E.2 抽象为一般形式，即

$$\min f_0(x) \tag{E.8}$$

$$\text{s.t.} \quad f_i(x) \leqslant 0, \quad i = 1,2, \cdots, m \tag{E.9}$$

$$h_i(x) \leqslant 0, \quad i = 1, 2,\cdots, p \tag{E.10}$$

上述最优化问题是目标函数的最小化 $(\min f_0(x))$ 。从本质上说，它也涵盖了目标函数的最大化 $(\max \bar{f}(x))$ 问题，因为只需取 $f_0(x)=-\bar{f}(x)$ 就可以把后者转化为前者。因此可以认为这类最大化问题也是最优化问题。

定义 E.1　无约束问题和约束问题　当问题式（E.8）~式（E.10）中的 $m=p=0$ 时，即它不含任何限定条件时，称该问题为无约束问题。当 $m+p>0$，即包含限定条件时，称为约束问题。

定义 E.2　目标函数、约束条件和约束函数　称问题式（E.8）~式（E.10）中的 $f_0(x)$ 为目标函数，称其中的 $f_i(x)\leqslant 0\,(i=1,2,\cdots,m)$ 和 $h_i(x)\leqslant 0\,(i=1,2,\cdots,p)$ 为约束条件,并分别称它们为不等式约束和等式约束。称 $f_i(x)\,(i=1,2,\cdots,m)$ 和 $h_i(x)$ $(i=1,2,\cdots,p)$ 为约束函数。

定义 E.3　可行点和可行域　称满足所有约束条件的点为可行点，并称全体可行点组成的集合 D 为可行域，即

$$D=\{\boldsymbol{x}\mid f_i(\boldsymbol{x})\leqslant 0,\quad i=1,2,\cdots,p;\boldsymbol{x}\in\mathbf{R}^n\}\tag{E.11}$$

显然，无约束问题的可行域是整个 $\mathbf{R}^n$ 空间，而约束问题的可行域往往是 $\mathbf{R}^n$ 空间中的一部分。

定义 E.4　最优值　问题式（E.8）~式（E.10）的最优值是指目标函数 f_0 在可行域 D 上的下确界 p^*：

$$p^*=\inf\{f_0(x)\mid x\in D\}\tag{E.12}$$

其中 D 是由定义 E.5 给出的问题的可行域。如果可行域是空集（无可行点），则定义 $p^*=\infty$ 。

定义 E.5　整体解和局部解　如果 x^* 是可行点,而且目标函数在 x^* 处达到问题的最优值，即 $f_0(x^*)=p^*$，其中 p^* 是问题的最优值，称 x^* 是问题式（E.8）~式（E.10）的整体解。如果 x^* 是可行点，而且存在着 $\varepsilon>0$，使得

$$f_0(x^*)=\inf\{f_0(x)\mid x\in D;\left|x-x^*\right|\leqslant\varepsilon\}\tag{E.13}$$

称 x^* 是问题式（E.8）~式（E.10）的局部解，其中 D 是由定义 E.1.5 给出的问

题的可行域。换句话说，如果 x^* 是下列问题的整体解：

$$\min f_0(x) \tag{E.14}$$

$$\text{s.t.} \quad f_i(x) \leqslant 0, \quad i=1,2,\cdots,m \tag{E.15}$$

$$h_i(x) \leqslant 0, \quad i=1,2,\cdots,p \tag{E.16}$$

$$\| x-x^* \| \leqslant \varepsilon \tag{E.17}$$

称 x^* 是问题式（E.8）~式（E.10）的局部解。

显然，我们提出最优化问题的初衷是寻求它的整体解，局部解可以看作是放松了一些条件的整体解。此外，问题的整体解和局部解都可能不止一个，我们分别称所有整体解和所有局部解组成的集合为相对应的解集。注意，以后所说的“问题的解”常常指局部解。

E.2 欧氏空间上的凸规划

欧氏空间上的凸规划是最优化问题中一类重要且极具应用价值的问题。

E.2.1 凸集和凸函数

1. 凸集

定义 E.6 凸集 设集合 $S \subset \mathbf{R}^n$。称 S 是凸集，如果对任意 $\boldsymbol{x}_1, \boldsymbol{x}_2 \in S$ 和任意的 $\lambda \in [0,1]$ 都有

$$\lambda \boldsymbol{x}_1 + (1-\lambda)\boldsymbol{x}_2 \in S \tag{E.18}$$

平面 $\mathbf{R}^2$ 上凸集有着明显的几何意义。直观地说，图 E.2（a）所示曲线内部形成的集合 S_1 就是一个凸集，因为连接其中任意两点的线段完全属于这个集合，而图 E.2（b）所示曲线内部形成的集合 S_2 就不是一个凸集，因为它不具有上述性质。

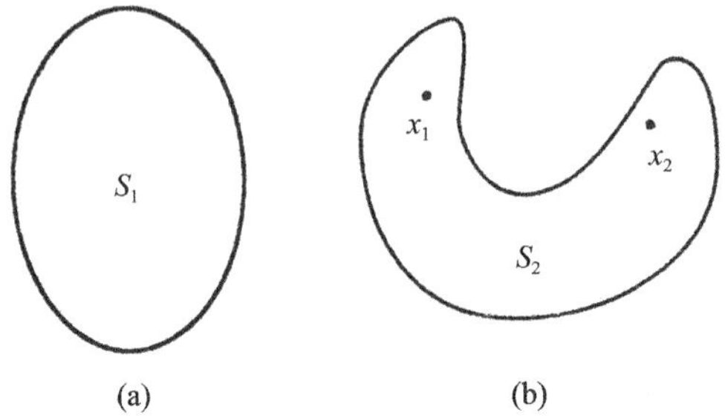

图 E.2　凸集与非凸集比较

定理 E.1　若 S_1 和 S_2 都是凸集，则交集 $S_1 \cap S_2$ 也是凸集。

证明:对任意 $\boldsymbol{x}_1, \boldsymbol{x}_2 \in S_1 \cap S_2$ 有 $\boldsymbol{x}_1, \boldsymbol{x}_2 \in S_1$, $\boldsymbol{x}_1, \boldsymbol{x}_2 \in S_2$,又因为 S_1 和 S_2 均为凸集，所以对于任意的 $\lambda \in [0, 1]$，有 $\lambda \boldsymbol{x}_1 + (1-\lambda)\boldsymbol{x}_2 \in S_1$, $\lambda \boldsymbol{x}_1 + (1-\lambda)\boldsymbol{x}_2 \in S_2$，从而 $\lambda \boldsymbol{x}_1 + (1-\lambda)\boldsymbol{x}_2 \in S_1 \cap S_2$，故 $S_1 \cap S_2$ 是凸集。

2. 凸函数

下面引进定义在 $\mathbf{R}^n$ 空间上的凸函数的概念。

定义 E.7　凸函数　设 $S \subset \mathbf{R}^n$ 是非空凸集，f 是定义在 S 上的函数。如果对任意 $\boldsymbol{x}_1, \boldsymbol{x}_2 \in S$ 和任意的 $\lambda \in [0, 1]$，都有

$$f(\lambda \boldsymbol{x}_1 + (1-\lambda)\,\boldsymbol{x}_2) \leqslant \lambda f(\boldsymbol{x}_1) + (1-\lambda) f(\boldsymbol{x}_2) \qquad (E.19)$$

称 f 为 S 上的严格凸函数。当 $\boldsymbol{x}_1 \neq \boldsymbol{x}_2$ 时，式（E.19）中的小于号成立。

对于 1 维空间 $\mathbf{R}$ 上的函数，即单变量的函数 $y = f(x)$ 来说，式（E.19）的几何意义是很清楚的：曲线上任意两点 $(x_1, f(x_1))$ 和 $(x_2, f(x_2))$ 的连线都位于曲线 $y = f(x)$ 的上方。因此凸函数的图像是向下凸的（参见图 E.3 (a)），而图 E.3(b) 所示的函数就不是凸函数。类似地，不难想象，相应的 2 维空间上的凸函数的图像大体如图 E.4(a) 和 E.4(c) 所示，而图 E.4(b) 所示的函数不是凸函数。

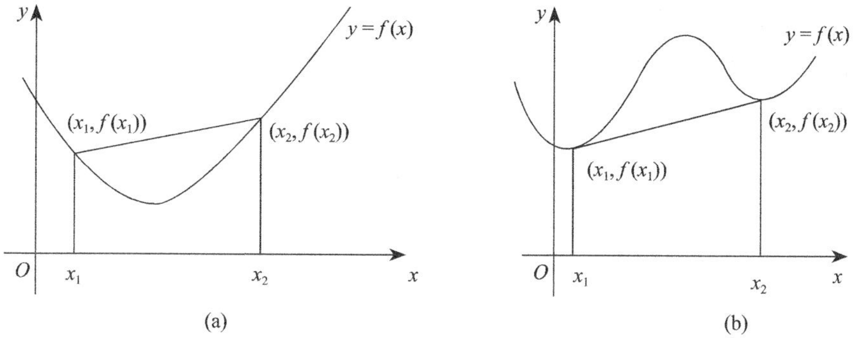

图 E.3 一维凸函数示意图

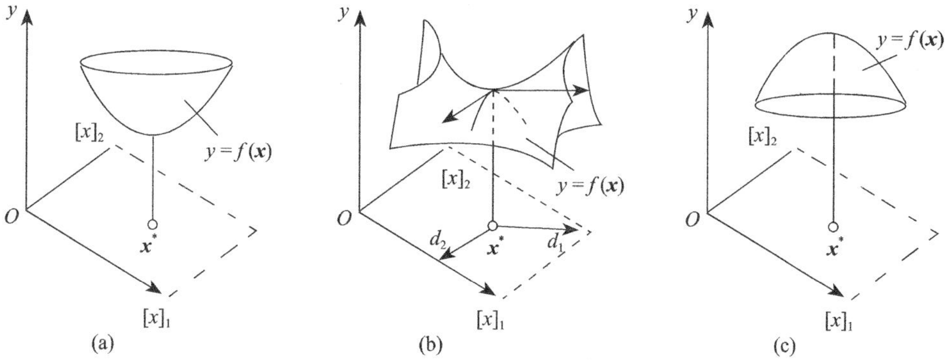

图 E.4 二维凸函数示意图

下面研究连续可微凸函数的特征。先考虑连续可微的 1 维空间 **R** 上的凸函数 $f(x)$。由微积分的知识可知，它的向下凸的特性可用“它的二阶导数 f'' 非负”来描述。因此，对任意的点 $\bar{x}$，应有

$$f(x)=f(\bar{x})+f''(\bar{x})(x-\bar{x})+\frac{1}{2}f''(\bar{x}+\theta(x-\bar{x})(x-\bar{x})^2\geqslant f(\bar{x})+f'(\bar{x})(x-\bar{x}) \qquad (\text{E.20})$$

其中 $\theta\in(0,1)$。此式有着明显的几何意义：对任意的 $\bar{x}$，曲线 $y=f(x)$ 位于曲线在 $\bar{x}$ 处的切线

$$y=f(\bar{x})+f'(\bar{x})(x-\bar{x}) \qquad (\text{E.21})$$

的上方，如图 E.5 所示。可以设想 2 维空间 $\mathbf{R}^2$ 中的连续可微的凸函数 $f(\boldsymbol{x})$ 应

该有类似的特征：考虑图 E.4 (a) 中函数 $f(\boldsymbol{x})$ 的曲面，则对任意的 $\bar{\boldsymbol{x}}$，该曲面位于曲面在 $\bar{\boldsymbol{x}}$ 处的切平面

$$y=f(\bar{\boldsymbol{x}})+\nabla f(\bar{\boldsymbol{x}})^{\mathrm{T}}(\boldsymbol{x}-\bar{\boldsymbol{x}})$$

的上方。可以推想，对于一般 $\mathbf{R}^n$ 空间上的连续可微的凸函数，应有如下结论。

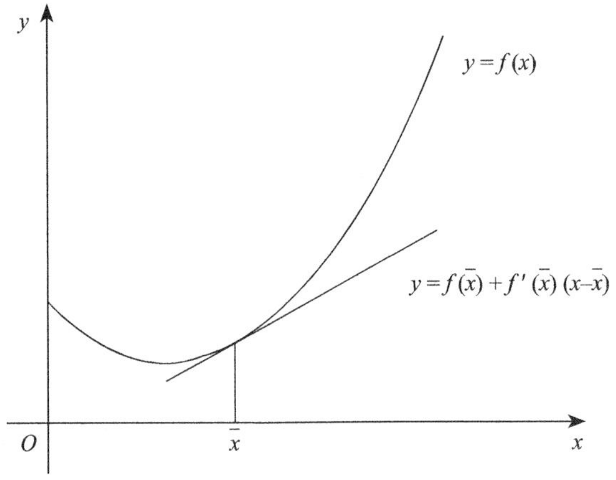

图 E.5　曲线在切线上方

定理 E.2　凸函数的充要条件　设 S 为 $\mathbf{R}^n$ 空间上的非空开凸集，$f(\boldsymbol{x})$ 是 S 上的连续可微的函数，则 $f(\boldsymbol{x})$ 是凸函数的充要条件是：对 S 中的任意点 $\bar{\boldsymbol{x}}$，都有

$$f(\boldsymbol{x})\geqslant f(\bar{\boldsymbol{x}})+\nabla f(\bar{\boldsymbol{x}})^{\mathrm{T}}(\boldsymbol{x}-\bar{\boldsymbol{x}}) \tag{E.22}$$

类似地，$f(\boldsymbol{x})$ 是严格凸函数的充要条件是：对 S 中的任意点 $\boldsymbol{x}$ 和 $\bar{\boldsymbol{x}}$，当 $\boldsymbol{x}\neq\bar{\boldsymbol{x}}$ 时，总有

$$f(\boldsymbol{x})>f(\bar{\boldsymbol{x}})+\nabla f(\bar{\boldsymbol{x}})^{\mathrm{T}}(\boldsymbol{x}-\bar{\boldsymbol{x}}) \tag{E.23}$$

证明：充分性。设不等式（E.22）成立。对任意的 $\boldsymbol{x}_1, \boldsymbol{x}_2\in S$ 和 $\lambda\in[0, 1]$，记 $\bar{\boldsymbol{x}}=\lambda\boldsymbol{x}_1+(1-\lambda)\boldsymbol{x}_2$。由 S 是凸集得 $\bar{\boldsymbol{x}}\in S$。因此有

$$f(\boldsymbol{x}_1)\geqslant f(\bar{\boldsymbol{x}})+\nabla f(\bar{\boldsymbol{x}})^{\mathrm{T}}(\boldsymbol{x}_1-\bar{\boldsymbol{x}}) \tag{E.24}$$

$$f(\boldsymbol{x}_2)\geqslant f(\bar{\boldsymbol{x}})+\nabla f(\bar{\boldsymbol{x}})^{\mathrm{T}}(\boldsymbol{x}_2-\bar{\boldsymbol{x}}) \tag{E.25}$$

两式分别乘以 λ 和（1–λ）再相加，得到

$$\lambda f(\boldsymbol{x}_1)+(1-\lambda)f(\boldsymbol{x}_2)\geqslant f(\lambda\boldsymbol{x}_1+(1-\lambda)\,\boldsymbol{x}_2) \tag{E.26}$$

由凸函数的定义知，$f(\boldsymbol{x})$ 为凸函数。

必要性。对任意的 $\bar{\boldsymbol{x}},\boldsymbol{x}\in S$，利用 f 的可微性和凸性，对任意的 $\lambda\in(0,1)$ 有

$$\begin{aligned}f(\lambda\boldsymbol{x}+(1-\lambda)\bar{\boldsymbol{x}})&=f(\lambda\bar{\boldsymbol{x}}+\lambda(\boldsymbol{x}-\bar{\boldsymbol{x}}))\\&=f(\bar{\boldsymbol{x}})+\lambda\nabla f(\bar{\boldsymbol{x}})^{\mathrm{T}}(\boldsymbol{x}-\bar{\boldsymbol{x}})+\lambda\beta(\lambda)\\&=\lambda f(\boldsymbol{x})+(1-\lambda)f(\bar{\boldsymbol{x}})\end{aligned} \tag{E.27}$$

其中 $\lim\limits_{\lambda\to0}\beta(\lambda)=0$。因此有

$$\lambda f(\boldsymbol{x})\geqslant\lambda f(\bar{\boldsymbol{x}})+\lambda\nabla f(\bar{\boldsymbol{x}})^{\mathrm{T}}(\boldsymbol{x}-\bar{\boldsymbol{x}})+\beta(\lambda) \tag{E.28}$$

以 λ 除两端，然后令 $\lambda\to0$，即得

$$f(\boldsymbol{x})\geqslant f(\bar{\boldsymbol{x}})+\nabla f(\bar{\boldsymbol{x}})^{\mathrm{T}}\,(\boldsymbol{x}-\bar{\boldsymbol{x}}) \tag{E.29}$$

关于 $f(\boldsymbol{x})$ 是严格凸函数的充要条件，与上述证明是类似的，此处从略。

定理 E.9 有如下推论。

推论 E.1 考虑 $\mathbf{R}^n$ 上的二次函数

$$f(\boldsymbol{x})=\frac{1}{2}\boldsymbol{x}^{\mathrm{T}}\boldsymbol{H}\boldsymbol{x}+\boldsymbol{r}^{\mathrm{T}}\boldsymbol{x}+\delta \tag{E.30}$$

其中 $\boldsymbol{H}$ 是 $n\times n$ 阶矩阵，$\boldsymbol{r}$ 是 n 维向量，δ 是实数。若 $\boldsymbol{H}$ 是半正定矩阵，则 $f(\boldsymbol{x})$ 是 $\mathbf{R}^n$ 上的凸函数；若 $\boldsymbol{H}$ 是正定矩阵，则 $f(\boldsymbol{x})$ 是 $\mathbf{R}^n$ 上的严格凸函数。

证明：考虑 $\mathbf{R}^n$ 中任意的 $\boldsymbol{x}$ 和 $\bar{\boldsymbol{x}}$。由于 $\nabla^2 f(\boldsymbol{x})=\boldsymbol{H}$，由中值定理，有

$$f(\boldsymbol{x})=f(\bar{\boldsymbol{x}})+\nabla f(\bar{\boldsymbol{x}})^{\mathrm{T}}(\boldsymbol{x}-\bar{\boldsymbol{x}})+\frac{1}{2}(\boldsymbol{x}-\bar{\boldsymbol{x}})^{\mathrm{T}}H(\boldsymbol{x}-\bar{\boldsymbol{x}}) \tag{E.31}$$

若 $\boldsymbol{H}$ 是半正定矩阵，则 $(\boldsymbol{x}-\bar{\boldsymbol{x}})^{\mathrm{T}}\boldsymbol{H}\,(\boldsymbol{x}-\bar{\boldsymbol{x}})\geqslant0$。由式（E.31）可以断言

$$f(\boldsymbol{x})\geqslant f(\bar{\boldsymbol{x}})+\nabla f(\bar{\boldsymbol{x}})^{\mathrm{T}}\,(\boldsymbol{x}-\bar{\boldsymbol{x}}) \tag{E.32}$$

于是，由定义 E.9 知 f 是凸函数。类似地，可证明若 $\boldsymbol{H}$ 是正定的，则 f 是严格凸函数。

E.2.2 凸规划问题及其基本性质

1. 凸规划问题

与最优化问题式（E.8）~ 式（E.10）相比，凸规划是一类特殊的最优化问题，即对其中的函数附带若干限定条件的最优化问题。为简单起见，这里不讨论最一般形式的凸规划，而仅讨论如下所示的凸规划问题。

定义 E.8 凸规划问题 凸规划问题是指最优化问题

$$\min f_0(\boldsymbol{x}), \boldsymbol{x} \in \mathbf{R}^n \tag{E.33}$$

$$\text{s.t.} \quad f_i(\boldsymbol{x}) \leqslant 0, \quad i=1,2,\cdots,m \tag{E.34}$$

$$h_i(\boldsymbol{x}) = \boldsymbol{\alpha}_I^{\mathrm{T}} \boldsymbol{x} - b_i = 0, \quad i=1,2,\cdots,p \tag{E.35}$$

其中 $f_0(\boldsymbol{x})$ 和 $f_i(\boldsymbol{x})$ $(i=1,2,\cdots,n)$ 都是定义在 $\mathbf{R}^n$ 上的连续可微的凸函数，而 $h_i(\boldsymbol{x})$ $(i=1,2,\cdots,p)$ 是线性函数。

根据推论 E.1 可直接验证下列定理成立。

定义 E.9 考虑二次规划问题

$$\min \frac{1}{2}\boldsymbol{x}^{\mathrm{T}}\boldsymbol{H}\boldsymbol{x} + \boldsymbol{r}^{\mathrm{T}}\boldsymbol{x}, \boldsymbol{x} \in \mathbf{R}^n \tag{E.36}$$

$$\text{s.t.} \quad \bar{\boldsymbol{A}}\boldsymbol{x} - \bar{\bar{\boldsymbol{b}}} < \mathbf{0} \tag{E.37}$$

$$\boldsymbol{A}\boldsymbol{x} - \boldsymbol{b} = \mathbf{0} \tag{E.38}$$

其中 $\boldsymbol{H}$ 为 $n \times n$ 矩阵 $\boldsymbol{r} \in \mathbf{R}^n, \bar{\boldsymbol{A}} \in \mathbf{R}^{m\times n}, \boldsymbol{A} \in \mathbf{R}^{p\times n}, \bar{\boldsymbol{b}} \in \mathbf{R}^m, \boldsymbol{b} \in \mathbf{R}^p$，若 $\boldsymbol{H}$ 为半正定矩阵，则该二次规划问题为凸规划问题，即它是凸二次规划问题。

2. 凸规划问题的基本性质

先考察凸规划问题的可行域的性质，为此给出以下引理。

引理 E.1 若 $f(\boldsymbol{x})$ 是 $\mathbf{R}^n$ 上的凸函数，则对于任意的 $c \in \mathbf{R}$，水平集

$$S = \{\boldsymbol{x} \mid f(\boldsymbol{x}) \leqslant c, \boldsymbol{x} \in \mathbf{R}^n\} \tag{E.39}$$

是凸集。

证明：设 $\boldsymbol{x}_1, \boldsymbol{x}_2 \in S$，于是有 $\boldsymbol{x}_1, \boldsymbol{x}_2 \in \mathbf{R}^n, | f(\boldsymbol{x}_1) \leqslant c$，$f(\boldsymbol{x}_2) \leqslant c$。令 $\boldsymbol{x} = \lambda \boldsymbol{x}_1 + (1-\lambda)\boldsymbol{x}_2$，其中 $\lambda \in [0,1]$。

由f的凸性，有

$$f(\boldsymbol{x})=f(\lambda\boldsymbol{x}_1+(1-\lambda)\boldsymbol{x}_2)\leqslant\lambda f(\boldsymbol{x}_1)+(1-\lambda)f(\boldsymbol{x}_2)\leqslant\lambda c+(1-\lambda)c \quad (\text{E.40})$$

因此$x\in\mathbf{R}^n$，从而得知S是凸集。

由引理E.1和定理E.1可得下列定义。

定义 E.10 凸规划问题（E.33）~（E.35）的可行域D是闭的凸集。该问题的解集也是闭的凸集。可见，凸规划问题就是要寻找一个凸集上的一个凸函数的最小值点。下列定理直接表述了凸规划问题的一个重要性质。

定义 E.11 考虑凸规划问题式（E.33）~式（E.35）。若$\boldsymbol{x}^*$是它的局部解，则$\boldsymbol{x}^*$也是它的整体解。

证明：设$\boldsymbol{x}^*$是问题的局部解，即存在$\varepsilon>0$使得

$$f_0(\boldsymbol{x}^*)=\inf\{f_0(\boldsymbol{x})\,|\,\boldsymbol{x}\in D,\|\,\boldsymbol{x}-\boldsymbol{x}^*\,\|\leqslant\varepsilon\} \quad (\text{E.41})$$

其中D是可行域。现在用反证法证明$\boldsymbol{x}^*$是问题的整体解。设$\boldsymbol{x}^*$不是问题的整体解，则必须存在$\bar{\boldsymbol{x}}\in D$，使得$f_0(\boldsymbol{x})\leqslant f_0(\boldsymbol{x}^*)$。显然$\|\bar{\boldsymbol{x}}-\boldsymbol{x}^*\|>\varepsilon>0$，否则，根据式（E.33）应有$f_0(\boldsymbol{x})\leqslant f_0(\bar{\boldsymbol{x}})$，于是可以构造$z$点：

$$\boldsymbol{z}=(1-\theta)\,\boldsymbol{x}^*+\theta\bar{\boldsymbol{x}} \quad (\text{E.42})$$

其中$\theta=\dfrac{\varepsilon}{2\,\|\,\bar{\boldsymbol{x}}-\boldsymbol{x}^*\,\|}$。一方面，因为定义E.12表明可行域$D$是凸集，所以$z$是可行点，再根据函数$f_0$的凸性，有

$$f_0(\boldsymbol{z})\leqslant(1-\theta)f_0(\boldsymbol{x}^*)+\theta f_0(\bar{\boldsymbol{x}})<f_0(\boldsymbol{x}^*) \quad (\text{E.43})$$

另一方面，因为$\|\,\boldsymbol{z}-\boldsymbol{x}^*\,\|=\dfrac{\varepsilon}{2}<\varepsilon$，由式（E.41）可知

$$f_0(\boldsymbol{x}^*)\leqslant f_0(\boldsymbol{z}) \quad (\text{E.44})$$

这与式（E.43）矛盾，因而$\boldsymbol{x}^*$是整体解。

推论 E.2 考虑当$\boldsymbol{H}$为半正定矩阵时的凸二次规划问题式（E.36）~式（E.38），则它的任一局部解都是它的整体解。

上述定理表明，对凸规划问题可以简单地说“问题的解”，因为它的整体解和局部解并无区别。另外，对于一般的最优化问题来说，现有的算法大都只能求得它的局部解，而我们实际关心的却往往是问题的整体解。这一矛盾对一般的最优化问题而言是难以克服的。但是如定义 E.13 所言，对于凸规划问题就不存在这个问题，因为我们只要找到它的一个局部解，也就找到了它的整体解。这是凸规划的一个重要特点。

下面讨论解的唯一性问题。一般的凸规划问题的解不一定是唯一的，但是我们有以下定义。

定义 E.12　若凸规划问题式（E.33）~式（E.35）中的目标函数 $f_0(\boldsymbol{x})$ 是严格凸函数，则该问题的解唯一。

有时我们并不关心凸规划问题式（E.33）~式（E.35）的解 $\boldsymbol{x}^*$ 中的所有分量，而仅仅对它的一部分分量感兴趣。对此，我们对 $\mathbf{R}^n$ 中的变量 $\boldsymbol{x}$ 进行分划：

$$\boldsymbol{x}=\begin{pmatrix}\boldsymbol{x}_1\\ \boldsymbol{x}_2\end{pmatrix},\boldsymbol{x}_i\in\mathbf{R}^{m_i},\quad i=1,2,\text{并且}m_1+m_2=n \tag{E.45}$$

并引进如下解的概念。

定义 E.13　设凸规划问题式（E.33）~式（E.35）中的变量 $\boldsymbol{x}$ 具有式（E.45）所示的分划，称 $\boldsymbol{x}^*$ 是该问题关于 $\boldsymbol{x}_1$ 的解，如果存在着 $\boldsymbol{x}_2^*\in\mathbf{R}^{m2}$，使得 $\boldsymbol{x}^*=(\boldsymbol{x}_1^{*\mathrm{T}},\boldsymbol{x}_2^{*\mathrm{T}})$是该问题的解。

此时有以下两个定义。

定义 E.14　设凸规划问题式（E.33）~式（E.35）中的变量 $\boldsymbol{x}$ 具有式（E.45）所示的分划，则该问题对 $\boldsymbol{x}_1$ 的解集是凸的闭集。

证明：由定义 E.12 和定义 E.15 可得，从略。

定义 E.15　设凸规划问题式（E.33）~式（E.35）中的变量 $\boldsymbol{x}$ 具有式（E.45）所示的分划，记 $f_0(\boldsymbol{x})=F_0(\boldsymbol{x}_1,\boldsymbol{x}_2)$。若 $F_0(\boldsymbol{x}_1,\boldsymbol{x}_2)$ 分别是变量 $\boldsymbol{x}_1$ 和 $\boldsymbol{x}_2$ 的严格凸函数和凸函数，则该问题对 $\boldsymbol{x}_1$ 的解唯一。

证明：为证明定理结论，只需证明若 $\boldsymbol{x}'=(\boldsymbol{x}_1'^{\mathrm{T}},\boldsymbol{x}_2'^{\mathrm{T}})^{\mathrm{T}}$ 与 $\boldsymbol{x}''=(\boldsymbol{x}_1''^{\mathrm{T}},\boldsymbol{x}_2''^{\mathrm{T}})^{\mathrm{T}}$ 是问

题的解，则必有

$$x_1' = x_2'' \tag{E.46}$$

由定义 E.10 和定义 E.11 可知，凸规划问题的解集是凸数，且任意解都是全局解。因为 $\boldsymbol{x}'$ 、$\boldsymbol{x}''$ 是问题的最优解，所以 $\boldsymbol{x}(t)=(1-t)\boldsymbol{x}'+t\boldsymbol{x}''(t\in[0,1]$ 也为最优解，且满足 $f_0(\boldsymbol{x}')=f_0(\boldsymbol{x}'')=f_0(\boldsymbol{x}(t))$ ，即

$$f_0(\boldsymbol{x}(t))-f_0(\boldsymbol{x}')=0 \tag{E.47}$$

由于

$$\begin{aligned}\boldsymbol{x}(t)&=(1-t)(\boldsymbol{x}_1'^{\mathrm{T}},\boldsymbol{x}_2'^{\mathrm{T}})^{\mathrm{T}}+t(\boldsymbol{x}_1''^{\mathrm{T}},\boldsymbol{x}_2''^{\mathrm{T}})^{\mathrm{T}}\\&=(((1-t)\boldsymbol{x}_1'+t\boldsymbol{x}_1'')^{\mathrm{T}},((1-t)\boldsymbol{x}_2'+t\boldsymbol{x}_2'')^{\mathrm{T}})^{\mathrm{T}}\\&=(\boldsymbol{x}_1(t)^{\mathrm{T}},\boldsymbol{x}_2(t)^{\mathrm{T}})^{\mathrm{T}}\end{aligned} \tag{E.48}$$

所以由式（E.47）可得对 t 的恒等式

$$F_0(\boldsymbol{x}_1(t),\boldsymbol{x}_2(t))=F_0(\boldsymbol{x}_1'-\boldsymbol{x}_2') \tag{E.49}$$

依次对式（E.49）两端关于 t 求一次导数和二次导数，得

$$\nabla F_0(\boldsymbol{x}_1(t),\boldsymbol{x}_2(t))^{\mathrm{T}}\begin{pmatrix}\boldsymbol{x}_1''-\boldsymbol{x}_1'\\\boldsymbol{x}_2''-\boldsymbol{x}_2'\end{pmatrix}=0 \tag{E.50}$$

$$\begin{pmatrix}\boldsymbol{x}_1''-\boldsymbol{x}_1'\\\boldsymbol{x}_2''-\boldsymbol{x}_2'\end{pmatrix}^{\mathrm{T}}\nabla F_0(\boldsymbol{x}_1(t),\boldsymbol{x}_2(t))^{\mathrm{T}}\begin{pmatrix}\boldsymbol{x}_1''-\boldsymbol{x}_1'\\\boldsymbol{x}_2''-\boldsymbol{x}_2'\end{pmatrix}=0 \tag{E.51}$$

因为函数 $F_0(\boldsymbol{x}_1,\boldsymbol{x}_2)$ 关于 $\boldsymbol{x}_1$ 是严格凸的，关于 $\boldsymbol{x}_2$ 凸，所以由式（E.51）即可得

$$\|\boldsymbol{x}_1''-\boldsymbol{x}_1'\|^2=0 \tag{E.52}$$

即式（E.46）成立。

E.2.3 凸规划的对偶理论

1. 对偶问题的导出

考虑凸规划问题式（E.33）~式（E.35），即

$$\min f_0(\boldsymbol{x}), \boldsymbol{x} \in \mathbf{R}^n \tag{E.53}$$

$$\text{s.t.} \quad f_i(\boldsymbol{x}) \leqslant 0, \quad i=1,2,\cdots,p \tag{E.54}$$

$$h_i(\boldsymbol{x}) = \boldsymbol{a}_i^{\mathrm{T}}\boldsymbol{x} - b_i = 0, \quad i=1,2,\cdots,p \tag{E.55}$$

其中 $f_i(\boldsymbol{x}) \leqslant 0\ (i=1, 2, \cdots, m)$ 是 $\mathbf{R}^n$ 上的连续可微的凸函数。按照定义 E.2 和定义 E.3，记该问题的可行域和最优值分别为 D 和 p^*：

$$D = \{\boldsymbol{x} \mid f_i(\boldsymbol{x}) \leqslant 0, i=1,2,\cdots,m; h_i(\boldsymbol{x})=0, i=1,2,\cdots,p; \boldsymbol{x} \in \mathbf{R}^n\} \tag{E.56}$$

$$p^* = \inf\{f_0(\boldsymbol{x}) \mid \boldsymbol{x} \in \mathrm{D}\} \tag{E.57}$$

现在研究如何估计 p^*，即找出 p^* 的下界。

引进拉格朗日函数

$$L(\boldsymbol{x},\boldsymbol{\lambda},\boldsymbol{v}) = f_0(\boldsymbol{x}) + \sum_{i=1}^{m}\lambda_i f_i(\boldsymbol{x}) + \sum_{i=1}^{p} v_i h_i(\boldsymbol{x}) \tag{E.58}$$

其中 $\boldsymbol{\lambda} = (\lambda_1, \lambda_2, \cdots, \lambda_m)^{\mathrm{T}}$ 和 $\boldsymbol{v} = (v_1, v_2, \cdots, v_m)^{\mathrm{T}}$ 是拉格朗日乘子向量。显然，当 $\boldsymbol{x} \in D$，$\boldsymbol{\lambda} \geqslant \boldsymbol{0}$ 时，有

$$L(\boldsymbol{x},\boldsymbol{\lambda},\boldsymbol{v}) \leqslant f_0(\boldsymbol{x}) \tag{E.59}$$

因而

$$\inf_{\boldsymbol{x}\in\mathbf{R}^n} L(\boldsymbol{x},\boldsymbol{\lambda},\boldsymbol{v}) \leqslant \inf_{\boldsymbol{x}\in D} L(\boldsymbol{x},\boldsymbol{\lambda},\boldsymbol{v}) \leqslant \inf_{\boldsymbol{x}\in D} f_0(\boldsymbol{x}) = p^* \tag{E.60}$$

所以，若令

$$g(\boldsymbol{\lambda},\boldsymbol{v}) = \inf_{\boldsymbol{x}\in D} L(\boldsymbol{x},\boldsymbol{\lambda},\boldsymbol{v}) \tag{E.61}$$

则有

$$g(\boldsymbol{\lambda},\boldsymbol{v}) \leqslant p^* \tag{E.62}$$

这表明对任意 $\boldsymbol{\lambda} \geqslant 0$，$g(\boldsymbol{\lambda},\boldsymbol{v})$ 是 p^* 的一个下界。若要寻找这些下界中最好的下界，则导致下列最优化问题

$$\max \quad g(\boldsymbol{\lambda},\boldsymbol{v}) = \inf_{\boldsymbol{x}\in\mathbf{R}^n} L(\boldsymbol{x},\boldsymbol{\lambda},\boldsymbol{v}) \tag{E.63}$$

$$\text{s.t.} \quad \boldsymbol{\lambda} \geqslant \boldsymbol{0} \tag{E.64}$$

其中 $L(\boldsymbol{x},\boldsymbol{\lambda},\boldsymbol{v})$ 是由式（E.58）给出的拉格朗日函数。

定义 E.16 对偶问题 称问题式（E.63）~ 式（E.64）为问题式（E.55）关于拉格朗日函数式（E.58）的对偶问题，或简称为问题式（E.53）~ 式（E.55）的对偶问题。与此相应，称问题式（E.53）~ 式（E.55）为原始问题。

2. 对偶理论

1）弱对偶定理

从对偶问题式（E.63）~ 式（E.64）的导出过程可以得知，若记该对偶问题的最优值为 d^*：

$$d^* = \sup\{g(\boldsymbol{\lambda}, \boldsymbol{v}) \mid \boldsymbol{\lambda} \geqslant \mathbf{0}\} \tag{E.65}$$

则对偶问题的最优值 d^* 是原始问题式（E.53）~ 式（E.55）最优值 p^* 的一个下界。这一事实常用下面定义的“对偶间隙”来描述。

定义 E.17 对偶间隙 称原始问题的最优值与对偶问题的最优值之差 p^*-d^* 为原始问题的对偶间隙。

定义 E.18 弱对偶定理 原始问题式（E.53）~ 式（E.55）的对偶间隙永远取非负值，即原始问题式（E.53）~ 式（E.55）的最优值 p^* 和对偶问题式（E.63）~ 式（E.64）的最优值 d^* 有如下关系：

$$\begin{aligned} p^* &= \inf\{f_0(\boldsymbol{x}) \mid f_i(\boldsymbol{x}) \leqslant 0, i=1,2,\cdots,m; \boldsymbol{a}_i^{\mathrm{T}}\boldsymbol{x} - b_i = 0, i=1,2,\cdots,p; \boldsymbol{x} \in \mathbf{R}^n\} \\ &\geqslant \sup\{g(\boldsymbol{\lambda}, \boldsymbol{v}) \mid \boldsymbol{\lambda} \geqslant \mathbf{0}\} = d^* \end{aligned} \tag{E.66}$$

注意，不论原始问题和对偶问题是否有解，上述定理中的式（E.66）总是成立的，即允许该式中的 inf{} 和 sup{} 取无穷大值。例如，当原始问题的目标函数值无下界时，inf{} = −∞，此时必有 sup{} = −∞，即对偶问题无可行解。反之，当对偶问题的目标函数值无上界时，sup{} = +∞，此时必有 inf{} = +∞，即原始问题无可行解。

上述定义有如下推论。

推论 E.3 设 $\bar{\boldsymbol{x}}$ 和 $(\bar{\boldsymbol{\lambda}}, \bar{\boldsymbol{v}})$ 分别为原始问题式（E.53）~ 式（E.55）和对偶问题式（E.63）~ 式（E.64）的可行点。若 $f_0(\bar{\boldsymbol{x}}) = g(\bar{\boldsymbol{\lambda}}, \bar{\boldsymbol{v}})$，则 $\bar{\boldsymbol{x}}$ 和 $(\bar{\boldsymbol{\lambda}}, \bar{\boldsymbol{v}})$ 分别为原始问题和对偶问题的整体解。

2）强对偶定理

强对偶定理主要研究对偶间隙为零的情况。要保证对偶间隙为零是有条件的，这样的条件称为约束规格。对凸规划问题式（E.53）~ 式（E.55）来说，最简单的约束规格是如下的 Slater 条件。

定义 E.19　Slater 条件　称凸规划问题式（E.53）~ 式（E.55）满足 Slater 条件，如果存在着可行点 $\boldsymbol{x}$，使得

$$f_i(\boldsymbol{x}) < 0, i = 1,2,\cdots,m;\ \boldsymbol{a}_i^{\mathrm{T}}\boldsymbol{x} - b = 0, \quad i = 1,2,\cdots,p \tag{E.67}$$

当该凸规划中的前 k 个不等式约束为线性约束 $f_i(\boldsymbol{x}) = \overline{\boldsymbol{a}}_i^{\mathrm{T}}\boldsymbol{x} - \overline{b}_i \leqslant 0 (i = 1,2,\cdots,k)$ 时，则只需存在着可行点 $\boldsymbol{x}$，使得

$$f_i(\boldsymbol{x}) = \overline{\boldsymbol{a}}_i^{\mathrm{T}}\boldsymbol{x} - \overline{b}_i \leqslant 0, \quad i = 1,2,\cdots,k;\ f_i(\boldsymbol{x}) < 0, \quad i = k+1, k+2, \cdots, m \tag{E.68}$$

$$\boldsymbol{a}_i^{\mathrm{T}}\boldsymbol{x} - b = 0, \quad i = 1,2,\cdots,p \tag{E.69}$$

定义 E.20　强对偶定理　考虑凸规划问题式（E.53）~ 式（E.55），若它满足 Slater 条件，则它的对偶间隙为零。进一步，若还知原始问题的最优值可以达到，即存在着最优解 $\boldsymbol{x}^*$，则对偶问题的最优值也可以达到，即存在着对偶问题的整体解 $(\boldsymbol{\lambda}^*, \boldsymbol{v}^*)$，使得

$$\begin{aligned} p^* &= f_0(\boldsymbol{x}^*) \\ &= \inf\{f_0(\boldsymbol{x}) \mid f_i(\boldsymbol{x}) \leqslant 0, i = 1,2,\cdots,m; \boldsymbol{a}_i^{\mathrm{T}}\boldsymbol{x} - b = 0, i = 1,2,\cdots,p; \boldsymbol{x} \in \mathbf{R}^n\} \\ &= \sup\{g(\boldsymbol{\lambda}, \boldsymbol{v}) \mid \boldsymbol{\lambda} \geqslant \boldsymbol{0}\} = \max\{g(\boldsymbol{\lambda}, \boldsymbol{v}) \mid \boldsymbol{\lambda} \geqslant \boldsymbol{0}\} \\ &= g(\boldsymbol{\lambda}^*, \boldsymbol{v}^*) = d^* < \infty \end{aligned} \tag{E.70}$$

E.2.4　凸规划的最优性条件

首先引进著名的 Karush-Kuhn-Tucker（KKT）条件。

定义 E.21　KKT 条件　考虑凸规划问题式（E.53）~ 式（E.55）。称 $\boldsymbol{x}^*$ 满足 KKT 条件，如果存在分别与约束式（E.54）和约束式（E.55）对应的乘子向量 $\boldsymbol{\lambda}^* = (\lambda_1^*, \lambda_2^*, \cdots, \lambda_m^*)^{\mathrm{T}}$ 和 $\boldsymbol{v}^* = (v_1^*, v_2^*, \cdots, v_p^*)^{\mathrm{T}}$，使得拉格朗日函数

$$L(\boldsymbol{x},\boldsymbol{\lambda},\boldsymbol{v})=f_0(\boldsymbol{x})+\sum_{i=0}^{m}\lambda_i f_i(\boldsymbol{x})+\sum_{i=0}^{p}v_i h_i(\boldsymbol{x}) \tag{E.71}$$

满足

$$f_i(\boldsymbol{x}^*)\leqslant 0,\quad i=1,2,\cdots,m \tag{E.72}$$

$$h_i(\boldsymbol{x}^*)\leqslant 0,\quad i=1,2,\cdots,p \tag{E.73}$$

$$\lambda_i^*\geqslant 0,\quad i=1,2,\cdots,m \tag{E.74}$$

$$\lambda_i^* f_i(\boldsymbol{x}^*)=0,\quad i=1,2,\cdots,m \tag{E.75}$$

$$\nabla_x L(\boldsymbol{x}^*,\boldsymbol{\lambda}^*,\boldsymbol{v}^*)=\nabla f_0(\boldsymbol{x}^*)+\sum_{i=1}^{m}\lambda_i^*\nabla f_i(\boldsymbol{x}^*)+\sum_{i=1}^{p}v_i^*\nabla h_i(\boldsymbol{x}^*)=0 \tag{E.76}$$

利用强对偶定理，不难证明 KKT 条件是凸规划解的必要条件。

定义 E.22 考虑凸规划问题式（E.53）~式（E.55），并设它满足 Slater 条件。若 $\boldsymbol{x}^*$ 是该问题的解，则 $\boldsymbol{x}^*$ 满足 KKT 条件。

证明：因为 $\boldsymbol{x}^*$ 是原始问题的解，且原始问题满足 Slater 条件，所以根据强对偶定理可知，存在 $(\boldsymbol{\lambda}^*,\boldsymbol{v}^*)$，使得 $\boldsymbol{x}^*$ 和 $(\boldsymbol{\lambda}^*,\boldsymbol{v}^*)$ 分别是原始问题式（E.53）~式（E.55）和对偶问题式（E.63）~式（E.64）的解，且它们的目标函数值相等。我们先由此证明

$$\begin{aligned}&\inf\left(f_0(\boldsymbol{x})+\sum_{i=1}^{m}\lambda_i^* f_i(\boldsymbol{x})+\sum_{i=1}^{p}v_i^* h_i(\boldsymbol{x})\right)\\&=f_0(\boldsymbol{x}^*)+\sum_{i=1}^{m}\lambda_i^* f_i(\boldsymbol{x}^*)+\sum_{i=1}^{p}v_i^* h_i(\boldsymbol{x}^*)=f_0(\boldsymbol{x}^*)\end{aligned} \tag{E.77}$$

事实上，不难看出

$$\begin{aligned}f_0(\boldsymbol{x}^*)&=g(\boldsymbol{\lambda}^*,\boldsymbol{v}^*)\\&=\inf_x\left(f_0(\boldsymbol{x})+\sum_{i=1}^{m}\lambda_i^* f_i(\boldsymbol{x})+\sum_{i=1}^{p}v_i^* h_i(\boldsymbol{x})\right)\\&\leqslant f_0(\boldsymbol{x}^*)+\sum_{i=1}^{m}\lambda_i^* f_i(\boldsymbol{x}^*)+\sum_{i=1}^{p}v_i^* h_i(\boldsymbol{x}^*)\\&\leqslant f_0(\boldsymbol{x}^*)\end{aligned} \tag{E.78}$$

式（E.78）第 2 行是根据对偶函数 $g(\boldsymbol{\lambda}, \boldsymbol{v})$ 的定义得到的，第 3 行的根据是下确界 inf 的定义，最后一个不等式的根据是 $\lambda_i^* \geqslant 0, f_i(\boldsymbol{x}^*) \leqslant 0 \ (i=1,2,\cdots,m)$ 和 $h_i(\boldsymbol{x}^*)=0$ $(i=1,2,\cdots,p)$。由于式（E.78）的首尾两项相同，所以该式中的两个不等式号都可以加强为等号。这样便得到了式（E.77）。

下列定义表明 KKT 条件不仅是凸规划解的必要条件，而且也是其充分条件。

定义 E.23 考虑凸规划问题式（E.53）~ 式（E.55）。若 $\boldsymbol{x}^*$ 是该问题的解，则 $\boldsymbol{x}^*$ 是原始问题的最优解。

证明：略。

上述两个定义意味着下面定义成立。

定义 E.24 对于满足 Slater 条件的凸规划问题式（E.53）~ 式（E.55）来说，点 $\boldsymbol{x}^*$ 是解的充分必要条件是它满足 KKT 条件。

E.2.5 线性规划

线性规划是最简单也是应用最广泛的一类特殊的凸规划问题，适合各种层面需要的讲解线性规划的书籍已有许多，这里只进行简单介绍。

线性规划的一般形式为

$$\min \quad \boldsymbol{c}^{\mathrm{T}}\boldsymbol{x}, \boldsymbol{x} \in \mathbf{R}^n \tag{E.79}$$

$$\text{s.t.} \quad \overline{\boldsymbol{A}}\boldsymbol{x} - \overline{\boldsymbol{b}} \leqslant \mathbf{0} \tag{E.80}$$

$$\boldsymbol{A}\boldsymbol{x} - \boldsymbol{b} = \mathbf{0} \tag{E.81}$$

其中 $\boldsymbol{c} \in \mathbf{R}^n, \overline{\boldsymbol{A}} \in \mathbf{R}^{m \times n}, \boldsymbol{A} \in \mathbf{R}^{p \times n}, \overline{\boldsymbol{b}} \in \mathbf{R}^m, \boldsymbol{b} \in \mathbf{R}^p$。

由于线性函数是连续可微的凸函数，所以线性规划属于由定义 E.10 定义的凸规划，因而关于凸规划的结论对线性规划都成立，只不过对线性规划有一些更具体的表达形式。

与凸规划的拉格朗日函数式（E.58）相对应，线性规划问题式（E.79）~ 式（E.81）的拉格朗日函数应为

$$L(\boldsymbol{x},\boldsymbol{\lambda},\boldsymbol{v}) = \boldsymbol{c}^{\mathrm{T}}\boldsymbol{x} + \boldsymbol{\lambda}^{\mathrm{T}}(\bar{\boldsymbol{A}}\boldsymbol{x} - \bar{\boldsymbol{b}}) + \boldsymbol{v}^{\mathrm{T}}(\boldsymbol{A}\boldsymbol{x} - \boldsymbol{b}) \tag{E.82}$$

于是有下面定义。

定义 E.25 最优化问题

$$\max \quad -\bar{\boldsymbol{b}}^{\mathrm{T}}\boldsymbol{\lambda} - \boldsymbol{b}^{\mathrm{T}}\boldsymbol{v} \tag{E.83}$$

$$\text{s.t.} \quad \bar{\boldsymbol{A}}^{\mathrm{T}}\boldsymbol{\lambda} + \boldsymbol{A}^{\mathrm{T}}\boldsymbol{\lambda} + c = 0 \tag{E.84}$$

$$\boldsymbol{\lambda} \geqslant \boldsymbol{0} \tag{E.85}$$

是线性规划问题式（E.79）~式（E.81）的对偶问题。

证明：线性规划问题式（E.79）~式（E.81）是凸规划问题。因此按照定义 E.33 和式（E.82），线性规划问题式（E.79）~式（E.81）的对偶问题为

$$\max \quad g(\boldsymbol{\lambda}, \boldsymbol{v}) \tag{E.86}$$

$$\text{s.t.} \quad \boldsymbol{\lambda} \geqslant \boldsymbol{0} \tag{E.87}$$

其中 $g(\boldsymbol{\lambda}, \boldsymbol{v})$ 为

$$g(\boldsymbol{\lambda},\boldsymbol{v}) = \inf_{x\in \mathrm{R}^n} L(\boldsymbol{x},\boldsymbol{\lambda}^*,\boldsymbol{v}^*) = \inf_{x\in \mathrm{R}^n}(\boldsymbol{c}^{\mathrm{T}}\boldsymbol{x},\boldsymbol{\lambda}^{\mathrm{T}}(\bar{\boldsymbol{A}}\boldsymbol{x} - \bar{\boldsymbol{b}}) + \boldsymbol{v}^{\mathrm{T}}(\boldsymbol{A}\boldsymbol{x} - \boldsymbol{b})) \tag{E.88}$$

由计算可知

$$\begin{aligned} g(\boldsymbol{\lambda},\boldsymbol{v}) &= -\bar{\boldsymbol{b}}^{\mathrm{T}}\boldsymbol{\lambda} - \boldsymbol{b}^{\mathrm{T}}\boldsymbol{v} + \inf_{x\in \mathrm{R}^n}(c + \bar{\boldsymbol{A}}^{\mathrm{T}}\boldsymbol{\lambda} + \boldsymbol{A}^{\mathrm{T}}v)^{\mathrm{T}}\boldsymbol{x} \\ &= \begin{cases} -\bar{\boldsymbol{b}}^{\mathrm{T}}\boldsymbol{\lambda} - \boldsymbol{b}^{\mathrm{T}}\boldsymbol{v}, & c + \bar{\boldsymbol{A}}^{\mathrm{T}}\boldsymbol{\lambda} + \boldsymbol{A}^{\mathrm{T}}v = 0; \\ -\infty, & \text{其他} \end{cases} \end{aligned} \tag{E.89}$$

所以问题式（E.86）~式（E.87）等价于问题式（E.83）~式（E.85）。

已经有很多成熟的软件来求解线性规划问题，比如 LINDO 和 LINGO。对于小型的线性规划问题，可以利用 MATLAB 的线性规划工具箱来求解。